KB004161

우주시대에
오신 것을
환영합니다

우주시대에 오신 것을 환영합니다

초판 1쇄 발행   2022년 08월 15일
초판 4쇄 발행   2024년 05월 01일

지은이 켈리 제라디 ｜ **옮긴이**   이지민
펴낸이 이세연
편 집 박진영
디자인 신혜림

펴낸곳 도서출판 혜윰터
주 소 (04091) 서울특별시 마포구 토정로 222 한국출판콘텐츠센터 301-1호
이메일 hyeumteo@gmail.com / 팩스 0506-200-1735

ISBN   979-11-967252-9-7 03440

파본은 구입하신 서점에서 교환해 드립니다.

우주가 산업이 되는 뉴 스페이스 시대 가이드

우주 시대에 오신 것을 환영합니다

켈리 제라디 지음   **이지민** 옮김

혜다

앤 드루얀과 골든 레코드를 제작한 보이저 호 팀처럼 나는 부엌 탁자에 앉아서 누구를 넣고 누구를 뺄지 고심하고 있다. 이 작은 책을 세상에 내보낼 준비를 하면서 나는 내 삶에서 감사를 표할 만한 모두를 언급하고 싶은 감상적인 욕망에 사로잡혀 있다. 그러니 문화적 노아의 방주를 짓기 위한 압박이 얼마나 컸을지는 상상조차 되지 않는다! 하지만 카터 대통령이 짧은 문장 속에 인사말을 녹여냈듯 나 역시 간결하게 감사의 글을 작성할 수 있으리라 본다.

우선 부모님을 비롯해 전 세계에 흩어져 있는 가족들에게 감사의 말을 전하고 싶다. 그들은 나의 우주 탐험을 격려했을 뿐만 아니라 내가 그 방향으로 계속해서 나아갈 수 있도록 아낌없는 지지를 보내주었다. 우주가 나에게 제공할 모든 것을 탐사해 보라며 늘 나를 웃게 하고 응원하는 남편 스티븐에게도 감사를 전한다. 집이 가장 좋은 곳이라는 사실을 끊임없이 상기시켜주는 딸 델타에게도 고맙다는 말을 하고 싶다.

민간 우주비행 연합(CSF)에서 만난 나의 특별한 동료들, 과거와 현재를 막론하고 민간 유인 우주비행이라는 새로운 시대 앞에서 각기 중요한 역할을 맡고 있는 이들에게도 끝없는 경외심을 느낀다. 특히 마이클 로페즈-알레그리아의 뒤를 이은 에릭 스톨머에게 감사한다. 그는 나의 개인적이고 직업적인 목표를 끊임없이 지지해 주었으며 나의 경력이 어디로 향하든 CSF에서 나를 위해 늘 등불을 밝혀주었다.

이 책에서 언급했듯 나는 수많은 멘토와 매니저에게 빚을 졌다. 그들은 진로 방향을 제시할 뿐 아니라 그 길로 통하는 문을 열어주며 자신 있게 들어가도록 격려해 주었다. 나를 믿어준 레티샤와 리처드 게리엇 드 케이욱, 마이클 로페즈-알레그리아, 션 마호니, 주발 스타우트에게 특히 감사를 전한다. 이 책을 존재하게 만든 출판사에도 큰 빚을 졌다. 특히 편집자 휴고 빌라보다에게 감사를 전한다. 그는 구상 단계에서부터 확신을 갖고 이 책이 탄생하기까지 나를 올바른 방향으로 이끌어주었다.

소셜 미디어를 통해 나의 여정에 함께 한 수십만 명의 팔로워에게도 감사를 전하고 싶다. 그들 덕분에 우주를 지지하는 열정적인 커뮤니티가 탄생할 수 있었다. 그들은 지난 10년 동안 내 삶을 윤택하게 만들어주었으며 그들 덕분에 우리는 관련 대화를 오프라인으로 끌고 와 한 권의 책으로 엮을 수 있었다.

마지막으로 독자 여러분에게도 감사를 표하고 싶다. 우주시대에 발을 디딘 여러분을 환영한다. 안전벨트를 단단히 매기를. 순탄한 여행은 아니겠지만 분명 즐거운 여행이 되리라 믿는다.

- 켈리

델타 빅토리아를 위하여

지구라는 우주선에 승객은 없다, 우리 모두가 승무원이다

There are no passengers on Spaceship Earth, We are all crew

마샬 맥루한

일러두기

1. 책에 등장하는 주요 인명, 지명, 기업명 등은 국립국어원 외래어 표기법을 따랐으며, 첫 표기에 한하여 원어를 병기했다.
2. 독자들의 이해를 위해 옮긴이가 덧붙인 글은 본문의 괄호안 글 중(-옮긴이)로, 편집자가 덧붙인 설명은 본문 하단의 각주로 표기했다.
3. 도서, 잡지, 신문은《 》, 노래, TV 프로그램, 영화, 행사 제목은 〈 〉로 표기했다.

우주의 경계

고궤도(HEO)

정지궤도(GEO) 위성
35,786km

중궤도(MEO)
2,000km ~ 35,786km

저궤도(LEO)
100km ~ 2,000km

국제 우주정거장
400km

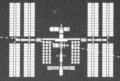

저궤도 위성
200km ~ 500km

준궤도 비행
100km 이상

카르만 라인
(우주의 경계)
100km

목차

보통의 우주시대를 향하여

어린 시절, 나는 르네상스 시대 사람들이 자신이 살던 시기를 어떻게 생각했을지 궁금해하곤 했다. 당시 대중도 레오나르도 다빈치나 미켈란젤로를 역사적인 거장으로 여겼을까? 중세 시대가 저물고 현대사회가 다가오고 있다는 것을 느꼈을까? 짐작건데 페인트가 채 마르지 않은 시스티나 성당 천장 벽화를 보며 전 세계적인 문화 변동을 감지한 사람은 없었으리라. 석기시대 사람들이 나무 막대로 저녁 식탁을 두드리며 타악기가 인류 전체에 미치는 심오한 영향을 생각했을 확률은 더더욱 낮다. 그렇다면 계몽시대 사람들은 자신이 이성의 시대The Age of Reason로 진입하고 있다는 걸 눈치챘을까? 산업혁명 시대를 살던 이들은 당시가 인류 역사상 가장 혁신적인 터닝 포인트라는 사실을 알았을까? 아마 상상도 하지 못한 채 자신이 살고 있는 시대에 대해 이러쿵저러쿵 얘기 나눴을 것이다.

대부분 모든 시대의 이름은 정교함보다는 근삿값을 바탕으로 붙여겼다. 이렇게 정립된 역사는 대부분 '우리는 어쩌다 초라한 뿌리를 극복하고 지구에서 가장 위대한 종이 되었는지'를 밝히려는 인류의 뒤늦은 시도에 가깝다. 그런데 만약 역사 책에 등장하는 유명한 인물들만이 아니라 전 인류가 위대한 종이 되기 위한 여정에 참여할 기회를 얻었다면 변화의 속도는 달라졌을까? 역사 책에 등장하는 몇몇이 아니라 모든 인간들이 그 궤적에 접근할 수 있었다면, 아니 모두 태어날 때부터 인류 역사에 참여할 안내서를 한 권씩 받았다면 변화의 속도는 좀 더 빨라졌을까? 자신이 살고 있는 시대를 역사라고 인식할 수 있는 건 정말 근사한 일이 아닐 수 없다. 그런 면에서 우리는 행운아다.

당시 예술은 르네상스 시대에 생겨난 새로운 사고방식이 발현된 한 가지 예에 불과했다. 의학, 기술, 종교, 정치, 철학, 과학 심지어 전쟁에 이르기까지 방대한 학문에서 문화 혁명이 일어났다. 공학 분야의 업적 역시 앞으로 펼쳐질 우주시대를 보여주는 일부에 불과하다. 미래의 역사가들은 지구에서 다른 항성을 향한 거대한 도약을 구상 중인 21세기 인류의 시도를 광범위한 문화적 운동으로 바라볼 것이다. 다음 번 도약을 이루기 위해서 예술가와 공학자 그리고 그 사이에 자리한 우리 모두의 참여가 반드시 필요하다. 모든 역사의 전환점이 그렇듯 인류의 미래가 똑똑한 이들의 손에만 달려 있지 않기 때문이다.

45억 년 만에 처음으로 우리는 지구라는 행성 너머를 탐사할 수 있게 되었다. 성간 이동은 물론 우주에서의 장기적인 생존도 가능해졌다. 민간 우주비행 산업의 부상으로 누구나 일상적인 우주여행을 꿈꿀 수 있게 된 것이다. 나는 우주 탐사를 꿈꾸던 비#공학자에서 이제는 우주비행 훈련을 받으며 이에 기여하는 사람으로 성장했다. 이 책은 이 분야에서 나의 경력이 얼마나 대중화되었는지 보여줄 뿐 아니라 탐구와 발견을 향한 여러분의 열정에 불을 지피기 위한 나의 성찰과 경험이 담겨있다. 더불어 여러분이 우주시대에 벌어지는 대화에 동참하고 자신의 올바른 위치를 인식하도록 안내할 예정이다.

 인간의 우주비행은 단순히 호기심을 충족하고 꿈을 불어넣는 행위에 그치는 것이 아니라 지구의 유효기간이 끝나가는 지금 인류의 생존을 확보하는 일이기도 하다. 지구는 약 몇십억 년 정도 더 생존할 것으로 추정된다. 그때가 되면 태양은 지구에 더 이상 에너지를 제공하지 못할 것이다. 공룡의 멸종을 가져온 엄청나게 큰 규모의 바위 같은 무엇이 영향을 미친다면 몇백만 년 후로 앞당겨질 수도 있다. 현재 러시안룰렛식으로 전 세계에 번지고 있는 전염병, 거대한 생태계 붕괴, 버튼만 누르면 가능한 핵폭발 등 훨씬 더 빠른 종말을 맞이할 수도 있다.
 하지만 인간은 회복력이 강한 종이다. 20만 년 동안 우리는 공통된 미션을 목표로 다 함께 앞으로 나아갔다. 직립 보행한 순간부터 자연, 질병, 약탈자 그리고 가장 독하게 자기 자신과 싸워왔다. 집단의 힘을 이용해 불가능에 도전하고 그동안 쌓아온 흔적을 없애다시피 한 대규모 멸종과 빙하기에도 강인한 투지로 살아남았다. 수천 년 동안 지략을 바탕으로 문화적, 과학적 발전을 이루고 최근에는 우주시대를 향해 힘찬 걸음을 내디뎠다. 우리는 추구할 가치가 있는 영광을, 탐사할 가치가 있는 한계를, 싸울 가치가 있는 생존을 움켜쥐었다.

천운의 결과, 이제 당신과 나는 최후의 개척지로 가기 위한 출발점에 서 있다. 우리는 앞선 일만 세대를 거친 생존의 바통을 건네받았다. 바통을 떨어뜨려 생명의 불꽃이 소멸할 뻔한 적도 있었지만 또 다른 손이 그것을 낚아챘다. 그 손은 인류의 발전을 꾀한 도구이거나 우리를 치유할 의료법을 개발한 공학자, 우리를 연결시켜줄 언어, 우리를 문명화하고 문화를 창조하는 예술가일 때도 있었다. 인류의 생존은 늘 다양한 인재들이 함께 했다. 하지만 언제든 바통을 떨어뜨리는 순간, 인류는 종말을 맞이할 것이다.

활짝 핀 우주시대에 온 여러분 환영한다! 인류는 현재 천문학적 궤도에 있다. 이 책을 통해 여러분에게 이런 역사적인 순간을 안내할 수 있게 되어 영광이다. 과학자만이 아닌 우리 모두가 이 놀라운 기회 앞에 동등하게 선다면 이 사회가 얼마나 큰 탄력을 받게 될

지 궁금하지 않은가. 그런 의미에서 이 책은 '우주시대를 살아갈 초심자용 안내서'다. 우리 모두는 다음 장※에서 각자 맡은 역할이 있다. 반드시 우주비행사가 되어야만 로켓이 발사되는 순간 소름이 돋고 인간이 비행하는 모습에 아드레날린이 솟구치는 것은 아니다. 평범한 사람들 역시 최후의 터전이 가져다줄 광경이나 소리의 전율을 본능적으로 느낄 수 있다. 이 행성에서 무언가를 발사하는 행위야말로 인간만이 지닌 회복력이자 인류를 21세기까지 나아가게 만든 원시적인 생존 본능임을 우리는 알고 있다.

일단 우주시대에서 우리의 위치를 파악하고 인류의 위대한 다음 도약을 준비하기 전에 우리 은하에서 일어난 위대한 마라톤의 소박한 시작으로 돌아가 당신과 나의 간략한 역사를, 우리의 공통된 기원을, 우주를 여행하는 종으로서의 운명을 찬찬히 살펴보도록 하자.

우주를 여행하는
종들의 역사

　　약 45억 년 전, 거대한 별이 폭발했다. 우주에서는 소소하
게 일어나는 일이지만 운이 다한 이 별이 우리 은하(태양계가 속해
있는 은하-옮긴이) 근처에 살았던 덕분에 차갑고 먼지투성이인 데다
텅 비어 있던 우주 한 귀퉁이에 생명을 가져다주었다. 자세한 내용
은 알 수 없지만 이후에 벌어진 일에 대해서는 다음과 같이 유추해
볼 수 있다. 충격파를 받은 먼지 입자와 가스 잔여물이 하나로 뒤엉
킨 후, 중력이 이 자욱한 소성단을 잡아당겨 압축하고 휘저어 뜨거
운 흰색 원반으로 만들었다. 엄청나게 뜨거운 원반의 중심부는 우리
의 태양이 되었고, 주변부에서 분출된 불덩어리들은 수백만 년에 걸
쳐 서서히 식어가 오늘날 우리가 아는 태양계의 형태를 갖추게 되었
다. 애초부터 지구는 특별한 행성이었다. 태양으로부터 적당히 멀리
떨어져 있어 너무 덥지도 너무 춥지도 않았으며 액체 상태의 물이
존재하기에 아주 적절한 환경을 갖추고 있었다. 그야말로 지구는 생
명체가 존재할 수 있는 구성 요소들이 번창하고 진화하기에 '딱' 좋

은 행성이었다.

　진화의 과정이 어떻게 이루어졌는지 정확히 알 순 없지만 일부 증거에 따르면 지구의 모든 생명체는 35억 년 전 생명 탄생에 불을 지핀 생물학적 초신성인 단일 원시 세포에서 유래했다고 한다. 무작위로 재가열 된 소성단이 만들어낸 결과치고 나쁘지 않은 셈이다. 그 이후 지구에는 온갖 생명체가 들끓었다. 수십억 년이 흐르는 동안 미생물 왕국이 동식물 왕국에 자리를 내주었고 350만 년 전 무렵에는 이미 인간의 존재를 입증하는 초기 흔적들이 등장했다. 화산재에 찍힌 발자국은 라틴어로 '멀리서 온 남쪽 원숭이'라는 뜻을 가진 오스트랄로피테쿠스가 탄자니아 라에톨리 평원을 직립 보행했다는 사실을 보여주었다. 초기 호미닌에게는 겨우 한 걸음이었지만 인류에게는 위대한 도약의 시작이었다. 키가 더 커지고 할 줄 아는 것도 많아진 초기 인류는 계속해서 직립 보행을 하며 새로운 능력을 획득해나갔다. 200만 년 전, '손을 사용하는 사람'이라는 뜻의 호모 하빌리스는 다듬은 돌을 도구로 사용하면서 석기시대의 시작을 알렸다. 그다음 등장한 '두 발로 걸어 다니는 사람' 호모 에렉투스는 불을 이용해 온기를 얻고 요리를 하거나 치안을 유지했다. 멸종된 인류 중 현 인류와 가장 가까운 네안데르탈인은 정교한 도구를 사용하고 불을 능숙하게 다뤘을 뿐 아니라 죽은 이를 땅에 묻고 영혼을 기리는 등 정서적인 면까지 발달했다.

　하지만 초기 인류 중 '현명한 사람' 호모 사피엔스에 필적할 만한 종은 없었다. 20만 년 전 아프리카 대륙에서 퍼져나간 그들은 수 세대에 걸쳐 축적된 조상들의 지식을 바탕으로 환경에 적응하고 온갖 문제들과 맞서 싸웠다. 초기 인류의 대부분이 막다른 길에 몰리며 바통을 떨어뜨리는 동안 호모 사피엔스는 끈질기게 살아남았고 커다란 뇌와 먹이 사슬의 최상위 포식자가 되어 자기 성찰까지 할 수 있게 되었다. 초기 선조들은 어느 순간부터 모닥불 앞에 모여 신비로운 세상과 그 안에 위치한 스스로를 이해해 보려고 애썼을 것이다. 이 같은 시도는 그들의 상상력에 불을 지피고 나아가 우리의 기원과 운명에 관한 존재론적 질문을 시작하게 만들었다. 오늘날 우리는 별에서 왔고 계속 생존의 끈을 이어가려면 언젠가 또다른 별을 찾아 돌아가야 한다는 사실을 깨닫게 되었다. 하지만 아직 갈 길이 멀다. 인류의 역사를 조금 더 살펴보자.

초기 인류는 밤하늘을 두려워하는 동시에 숭배했다. 인류의 뇌는 계속 성장 중이었지만 자아는 충분히 발달한 상태였다. 우리가 우주의 중심이고 우주에서 발생하는 대부분의 사건은 우리의 활동과 직접적인 연관이 있다고 생각했다. 당시 사람들은 신이 배후에서 하늘을 화폭 삼아 자비를 베풀거나 천벌을 내리는 등 모든 일을 조종한다고 믿었다. 일식 현상이나 어둠을 가로지르는 유성을 본 그들이 얼마나 놀랐을지 상상해 보라.

인류가 가장 먼저 연구한 과학 분야는 '천문학'이다. 고대인들은 신비로운 천체 현상을 꼼꼼히 기록해 두었다. 학구적인 성향이 다분했던 바빌로니아인들은 천문학에 실증적으로 접근해 수 세기 동안 자신들이 관찰한 사실을 진흙 명판에 새겼다. 최초의 행성 기능 이론인 천문학 기록은 바빌로니아 왕국의 안보 프로그램으로써 그들이 천체 현상을 예측하고 해석하며 계획을 세우는데 큰 도움을 주었다. 그들이 남긴 기록은 천년 후 또 다른 야망가의 손에 들어가게 되는데 그들이 바로 고대 그리스인이다. 만물의 바탕에는 우주론적 체계가 있다고 믿었던 그들에게 바빌로니아인들이 남긴 천문학 자료는 참조할 가치가 있는 훌륭한 정보였다. 신화는 철학에 영감을 불어넣었고 얼마 안 가 철학자들은 과학적인 사고를 하기 시작했다. 그 후에 일어난 일을 간략히 추리면 다음과 같다.

2,500년 전, 그리스 철학자이자 수학자인 피타고라스가 지구는 편평하지 않고 구^球 모양을 하고 있다고 주장했다. 한 세기 후, 플라톤이 같은 주장을 하면서 이 이론은 큰 인기를 끌게 되지만 그림자와 수평선을 통해 실질적인 증거를 처음으로 제시한 사람은 플라톤의 유명한 제자 아리스토텔레스였다. 그로부터 한 세기 후, 에라토스테네스는 더 많은 관찰을 통해 햇빛과 막대기만으로 지구의 원주 길이를 계산했다. 그럼에도 당시 인류는 지구가 변함없이 우주의 중심이라고 여겼다. 2천 년 뒤, 니콜라스 코페르니쿠스의 《천체의 회전에 관하여》가 출간되면서 지구에 관한 논쟁이 싹트기 시작했다. 그가 책에서 제안한 우주에 관한 새로운 모델은 16세기 르네상스 문화를 충격

에 빠뜨렸다. 지구가 아니라 태양이 우주의 중심에 있다는 태양중심설은 수백 년 동안 지속된 천주교 교회의 가르침에 반하는 행위였다. 하지만 이 역시 일부 학계의 한정된 주장이라는 게 전반적인 반응이었기에 맹비난보다는 가벼운 조소에 가까웠다.

그로부터 한 세기 후, 갈릴레오 갈릴레이가 새로 개발한 망원경을 통해 최초로 밤하늘을 바라본 순간, 이 같은 관용은 증발하고 말았다. 그는 자신이 관찰한 결과를 바탕으로 논란의 여지가 있는 지동설에 이목을 집중시켰고 이를 둘러싼 논쟁은 학계 너머로까지 이어졌다. 교리에 반하는 주장을 교회는 가만히 지켜볼 수 없었다. 코페르니쿠스의 책은 출간된 지 73년 만에 회수되었다. 교회는 태양을 중심으로 하는 그의 이론을 엉터리에 터무니없으며 철학적으로 그릇되고 이단적인 믿음이라고 선언했다. 이 같은 태도에 분개한 갈릴레오는 교회의 경고를 무시하고 교황의 명령을 거부한 채 《두 개의 주요 우주 체계에 관한 대화》를 출간했다. 책이 큰 인기를 끌면서 교회를 자극했으나 교황은 갈릴레오를 직접 만나 차분한 논쟁 끝에 악수를 나누며 서로의 다름을 인정했다.

하지만 진실은 이와 달랐다. 갈릴레오의 책은 즉시 판매 금지되었고, 그는 종교 재판정까지 불려 나갔다. 치욕스러운 고문까지 당한 그는 "말로도 글로도 다시는 이와 비슷한 주장을 하지 않겠다"며 자신의 이론을 철회하고 교회에 헌신하겠다고 서약했다. 그럼에도 그는 사망할 때까지 가택 연금 상태로 지내야 했다. 과학계에 큰 기여를 한 사람의 최후치고는 너무 안타깝다. 하지만 그의 고집은 또 다른 과학자가 그의 길을 따르도록 기초를 마련해주었다. 그가 바로 같은 해 성탄절에 태어난 아이작 뉴턴이다. 그는 나무에서 사과가 떨어지는 모습을 보고 중력 이론을 내놓았고 이를 바탕으로 《자연 철학의 수학적 원리》라는 저서를 통해 보편적인 운동 법칙을 소개했다. 갈릴레오의 이론이 교회의 반감을 산 것과 달리 독실한 기독교 신자였던 뉴턴은 "중력은 행성의 움직임을 설명해 줄지 모르지만 애초에 누가 그런 움직임을 정하는지 아무도 말해주지 못한다. 신만이 모든 일을 관장하며 무엇을 할 수 있을지 안다"고 주장했다. 그는 타협할 줄 아는 호모 사피엔스였다. 이로써 뉴턴은 역사상 가장 위대한 과학자 중 한 명이 되었다. 그의 운동 법칙과 중력 법칙은 공간과 시간의 만곡 개념을 소개한 알버트 아인슈타인의 '일반 상대성 이론'이 등장하기 전까지 두 세기 동안 가장 포괄적인 과학 이론으로 자리매김했다.

1900년대가 되자 호모 사피엔스는 먼 조상인 호모 하빌리스가 생각지도 못했던 도구를 갖게 되었다. 우주를 둘러싼 중대한 문제를 이해할 수 있게 된 것이다. 하지만 사회가 이 가능성을 펼쳐 보이도록 유도하려면 수학자 혼자만의 힘으로는 부족했다. 우리에게는 이야기꾼이 필요했다. 과학이 정립되기 한참 전부터 사람들의 상상력을 자극한 것은 바로 '공상 과학 소설'이었다.

어린 시절 20세기 고전을 탐독했던 나는 아이작 아시모프의 《아이, 로봇》, 아서 C. 클라크의 《스페이스 오디세이》 그리고 로버트 하인라인의 《낯선 땅 이방인》만큼 흥미로운 소설은 절대로 없을 거라 확신했다. 그들의 문학적 천재성의 결합은 하드 SF 장르를 개척했지만 뛰어난 인간이 그렇듯 그들 역시 앞선 이들의 업적을 등에 업고 발전했다. 1800년대 이보다 앞선 프랑스 작가 쥘 베른은 꼼꼼한 자료 조사를 바탕으로 여행기의 경계를 허물고 과학 소설이라는 새로운 문학 작품 탄생에 영감을 주었다. 그는 과학 정보에 상상력을 가미해 흥미로운 이야기를 빚어냈다. 《지저 탐험》, 《해저 2만리》, 《80일간의 세계일주》 같은 흥미로운 모험기 역시 잇따라 빛을 보게 된다. 이후 등장한 H. G. 웰스는 《타임머신》, 《우주 전쟁》 같은 파격적인 이야기로 전 세계인들의 마음을 사로잡았다. 특히 그의 작품은 과학이라는 학문 자체에 크나큰 영향을 끼쳤다. 베른이나 웰스 같은 작가들의 상상력은 과학계에 혁신을 몰고 왔다. 로봇, 홀로그램, 우주선은 실제로 개발되기 한참 전부터 그들의 소설 속에 등장했다. 하지만 SF 작가들의 힘은 단순히 미래를 예측하는 데 있지 않았다. 그보다 중요한 것은 독자들에게 영감을 불어넣는 능력이었다. 소설 속 모험이 너무 생생하고 강렬한 나머지 독자들은 '이런 모험이 실현되려면 어떻게 해야 할까?'라는 의문을 품기에 이르고야 만다. 나 역시 그랬다. 과학 수업을 듣거나 로켓 기업에서 근무한 경험이 계기가 되어 우주비행을 꿈꾸게 되었다고 생각하겠지만 아니다. 나는 잠자리에 들 시간이 한참 지난 후에도 늘 이불 속에서 손전등을 밝힌 채 공상 과학 소설을 읽으며 우주를 항해하는 길은 어떨까

하는 상상에 빠지곤 했다. 이런 가능성의 불꽃은 로버트 고다드[Robert Goddard]라는 미국 남자아이의 마음에도 싹트게 된다. 그는 《우주 전쟁》을 읽은 뒤 언젠가 직접 우주선을 만들겠다는 꿈을 품게 된다. 물리학 박사 논문을 작성하기 위해 그는 클라크 대학교의 작은 연구소에서 로켓 엔진 실험을 시작한다. 초기 폭발 사고로 중요한 교훈을 얻는 고다드는 지구의 중력을 이겨내면 달까지 갈 수 있을 만큼 추진력이 강한 로켓을 만들 수 있을 거라 확신했다. 하지만 자신의 생각이 옳았음을 입증하기까지는 수년이 걸렸다. 마침내 고다드는 정부의 후원을 받으며 엔진을 정교하게 다듬는 작업에 매진했다. 그는 고체 연료 로켓이 효율성을 낮출 뿐 별로 도움이 되지 않는다는 사실을 깨닫고 새로운 시도를 거듭하다 마침내 1926년 3월, 세계 최초로 액체 연료 로켓을 매사추세츠 오번에 위치한 이모네 농장에서 발사하게 된다. 비록 로켓은 현대 로켓처럼 멋지게 날아오르지 못하고 12미터 정도 튀어올랐다가 3초도 못 버티고 양배추 밭으로 볼품없이 곤두박질쳤지만 액체 추진제의 가능성을 보여준 아주 중요한 시연임에 틀림없었다.

늘 그렇듯 과학의 진보가 선형적으로만 발생하지 않는다. 때론 동시다발적으로 일어나기도 한다. 고다드가 《우주 전쟁》을 읽고 있는 사이, 지구 반대편에서는 콘스탄틴 치올코프스키[Konstantin Tsiolkovsky]라는 러시아 남자가 어린 시절 마음에 품었던 가능성의 불꽃을 현실로 바꾸고 있었다. 그는 쥘 베른의 《지구에서 달까지》를 읽으며 기상천외한 우주선 만들기에 골몰했다. 베른의 상상 속에 등장하는 우주선을 실제로 만들려면 말도 안 되게 긴 선체가 필요했기에 치올코프스키는 인류를 달로 보내기 위한 다른 방법을 구상하기 시작했다. 수백 개의 간행물을 통해 종합적인 우주선 이론과 다단계 로켓 디자인을 선보인 그는 마침내 1903년 '로켓 장치를 이용한 우주 탐사'라는 논문을 통해 치올코프스키 방정식을 소개했다. 논문에서 그는 액체 수소와 산소로 작동되는 다단계 로켓을 활용할 경우, 지구 궤도까지 진입하는 데 필요한 속도를 얻을 수 있다는 증거까지 제시하며 지구로부터 벗어나는 문제를 해결했다. 이어서 그는 우주 환경도 살피기 시작했다. 우주선 디자인, 우주정거장, 식민지 그리고 진공 상태로부터 우리를 보호해 줄 생명 유지 장치까지 세세하게 파악해나갔다. 그는 '지구는 인류 여정의 시작에 불과하며 우리가 우주의 나머지 부분을 탐사하게 된다면 상당히 큰 이익을 누리겠지만 그렇지 못할 경우 아주 큰 위험에 처할 수 있다'고 주장했다.

"우리가 우주 이주에 성공했을 때 누릴 이로움에 대해 많은 의견을 나눴다. 하지만 일부에 불과할 뿐 그것은 감히 가늠할 수도, 함부로 논할 수도 없을 만큼 상상 이상의 결과를 가져올 것이다."

그는 우주여행이 불가능할 경우, 인류가 지은 건물의 흔적을 말끔히 씻어 버릴 온갖 끔찍한 위험을 피할 수 없을 뿐 아니라 파괴적인 전염병, 지구 온난화, 자원 고갈, 심지어 소행성 충돌로 인한 지구 멸망까지 우려했다. 이 모든 것을 전부 이겨내더라도 태양은 소멸하는 발광체이기 때문에 우리는 언젠가 죽음을 맞이할 수밖에 없다고 주장했다. 치올코프스키는 시대를 훨씬 앞선 인물이었다. 그는 지구에서의 삶은 유효 기간이 있고 우주 탐사에 투자하는 길만이 장기적인 생존을 위한 열쇠라고 생각했다. 하지만 전쟁이 일어나자 당장 해결해야 할 문제들이 생겨났고, 사람들은 우주 기술이 우주 탐사보다 훨씬 더 많은 곳에 이용될 수 있음을 깨닫기 시작했다.

우주여행의 간략한 역사를 살펴보는 장이지만 인류 역사상 가장 파괴적인 전쟁이었던 제2차 세계대전에 대해 언급하지 않을 수 없다. 당시 전 세계 인구의 3퍼센트에 해당하는 7,500만 명이 전쟁으로 목숨을 잃었다. 집단 학살, 대량 폭탄 테러, 질병과 기아로 인한 2차 영향 때문에 발생한 민간인 사망자 수는 군인 사망자 수의 두 배가 넘었다. 호모 사피엔스에게 암울하고 끔찍했던 사건이자 온갖 부차적인 결과를 가져온 제2차 세계대전은 인간이라는 존재의 나약함, 좋은 일에도 나쁜 일에도 사용될 수 있는 기술의 양면성, 그 사이에 놓인 도덕적 불확실성을 여실히 보여주었다. 무엇보다 이 전쟁은 지난 수십만 년 동안 인류가 끈질기게 살아남았다 하더라도 우리 손으로 생존을 위협하는 행동을 저지른다면 지구를 살릴 사람이 아무도 남지 않게 되는 날이 올 수 있다는 사실을 알리는 경종이기도 했다. 재연은 없다. 한 때 앞날이 창창했던 종의 마지막 작별 인사만 남을 뿐.

제2차 세계대전 당시 로켓 공학은 유럽에서 굉장히 경쟁력 있는 기술로 떠오르고 있었다. 치올코프스키와 고다드가 베른과 웰스에게 영감을 받았듯 독일 로켓 연구자 베르너 폰 브라운Wernher Von Braun도 이 작가들의 영향을 받았다. 폰 브라운 역시 어린 시절 우주여행에 집착했다. 달로 떠나는 여행을 꿈꾸며 이를 목표로 대학에서 공학을 전공했다. 그의 재능을 알아본 독일군은 이제 막 시작된 액체 연료 로켓 프로그램에 참여할 경우 재정 지원을 해주겠다고 제안했다. 폰 브라운이 제안에 동의할 무렵, 아돌프 히틀러가 독일 수상으로 선출되었고 나치가 점령한 독일은 막강한 국가로 부상하기 시작했다. 지위가 상승한 그는 새로운 로켓 센터 기술 관장이 되어 세계 최초 장거리 탄도미사일을 설계하고 개발하는데 전념했다. 이는 장교로서 나치 친위대에 공식적으로 합류한다는 의미이기도 했다. 1942년 마침내 독일 정부의 아낌없는 지원을 받은 미사일이 발사됐다. 양배추 밭에서 이루어진 고다드의 실험과 달리 폰 브라운의 액체 연료 로켓 엔진은 제대로 가동되었고, 그 결과 초강력 전쟁 무기 V-2호가 탄생했다. 독일군은 런던에서 앤트워프까지 연합군 목표 지역에 미사일을 발사하기 위해 강제 징용 노동자와 강제 수용소 포로들을 동원해 수천 개의 V-2호를 생산 제작했다. 1944년이 되자 미사일 가동 범위는 자그마치 176킬로미터 상공까지 날아오르다 지구로 돌아올 만큼 확대되었다. 이 전쟁 무기는 지구 궤도까지는 도달하지 못했지만 인류가 만든 것 중 잠시나마 우주의 경계를 가로지른 최초의 물체가 되었다. 이 무렵, 고된 전쟁으로 인해 독일의 상황이 악화되었고, 우주여행을 꿈꾸던 폰 브라운의 어린 시절 야망이 꺾일 위험에 처했다. 이듬해 나치 독일이 전쟁에 패배하자 연합국은 앞다 퉈 독일이 개발한 강력한 기술을 차지하려 했다. 폰 브라운은 1,600명의 다른 엘리트 과학자, 공학자와 함께 연합군에 항복하고 미국으로 이주했다. 그는 자신의 나치 경력이 별로 알려지지 않은 미국에서 다시 우주선 제작의 기회를 얻었다. 호모 사피엔스였던 그는 전쟁의 폐허 속에서도 우주시대를 향한 준비를 차곡차곡 밟아나갔다.

인류는 오래 전부터 별에 닿기를 소망했고 20세기가 되자 마침내 그곳에 닿을 수 있는 도구 및 장치를 갖추게 되었다. 하지만 지구라는 행성에서 유일하게 우주여행의 비밀을 풀어헤친 인간은 중력의 힘을 거스르고 우주에 발을 디딘 최초의 종이 되지 못했다. 이 영광은 평범한 초파리(학명 Drosophila Melanogaster)에게로 돌아갔다. V-2호 기술이 확보되자 미국인들은 언젠가 우주의 경계를 지나 그 너머까지 인간을 보낼 수 있을 거라 확신했다. 하지만 우주 환경은 시작부터 미지의 위협과 난제들로 가득했다. 그곳에 도착하면 무슨 일이 일어날까? 그토록 높은 고도에서 방사선에 노출되면 어떻게 될까? 우주여행을 마치고 돌아온 씨앗과 식물을 분석해봤지만 충분한 정보는 얻을 수 없었다. 우주가 우리에게 미칠 영향을 제대로 알아내려면 인류와 유전적으로 비슷한 형질을 지닌, 살아움직이는 생명체를 보내야만 했다. 이것이 바로 4,000만 년 동안 별다른 존재감 없이 이 지구에 살았던 평범한 초파리가 아무도 가보지 못한 그곳에 최초로 가게 된 이유다. 뉴멕시코 화이트 샌드 미사일 발사장에서 과학자들은 V-2호 로켓 위에 부착된 캡슐에 이 자그마한 승객을 태운 뒤 발사체가 110킬로미터 상공으로 솟구치는 광경을 지켜보았다. 3분 후 로켓에서 분리된 캡슐은 낙하산을 펼치며 무사히 지구로 돌아왔다. 이로써 초파리는 우주를 방문했을 뿐만 아니라 지구로 무사히 귀환하기까지 한 최초의 생명체가 되었다. 하지만 초파리의 뒤를 이은 수많은 종들은 이 같은 운명을 맞이하지 못했다.

1949년 히말라야 원숭이 알버트 2세는 우주에 도달한 최초의 영장류였으나 낙하산이 펼쳐지지 않는 바람에 지구로 돌아오지 못했다. 그보다 앞서 간 알버트 1세는 발사 실패로 지상에 떠오르지도 못했다. 알버트 3세와 4세의 운명도 별반 다르지 않았다. 이듬해 생쥐 알버트 5세를 태운 로켓은 또다시 낙하산이 펼쳐지지 않고 공중에서 산산조각 나는 불운을 맞이했다. 러시아인들 역시 우주에 생명체를 보내기 위한 시도를 이어갔다. 마침내 찌간^Tsygan과 데지크^Dezik라는 두 마리의 개를 우주에 보내는데 성공했다. 그들은 우주비행에서 안전하게 돌아온 최초의 고등 생물(초파리여, 기분 나빠하지 말기를)이 되었다. 미국과 러시아는 우주 경계를 가르는 로켓 발사도 충분히 흥분되는 경험이지만 의미 있는 성과를 내려면 지구 궤도에 무사히 접근하는 것이 목표가 되어야 함을 깨달았다. 제2차 세계 대전의 기억이 서서히 잊히고 독일인을 향한 미국인들의 정서가 완화되었을 때쯤 폰 브라운은 우주여행에 관한 자신의 야망을 본격적으로 드러내기 시작했다. 미국인들의 마음까지 사로잡은 그는 달 착륙과 우주정거장, 심지어 화성 탐사에 대해서까지 자신의 의견을 내놓았다. 제일 먼저 그는 자신의 풍부한 미사일 경험을 바탕으로 지구 궤도에 진입할 수 있는 로켓을 만들자고 제안했다. 하지만 몇 년 동안 단거리 준궤도 시험 비행과 우주 개발의 방향성에 대해 갈피를 잡지 못해 우왕좌왕하던 미국 정부는 즉각 투자 의사를 드러내는 데 주저했다.

1957년, 미국은 마침내 우주 프로그램에 적극적으로 박차를 가하게 된다. 그 계기는 지구 궤도를 도는 최초의 인공위성이자 우주공학 역량을 입증한 소련의 '스푸트니크 1호'의 등장 때문이었다. 그로부터 9개월 후 미국은 공식적으로 미국 항공 우주국National Aeronautics and Space Administration(NASA)을 설립했다. 우주 개발 경쟁이야말로 우주 분야의 급속한 발전을 부추기는 적절한 동기 부여가 될 수 있음을 입증한 행보였다. 스푸트니크는 차원이 달랐다. 미군은 소련의 능력을 잘 알고 있었으나 대중은 그렇지 않았다. 배터리 수명기간인 21일 동안 비치볼 크기만 한 인공위성은 불길한 "삐-삐-삐" 신호음을 계속해서 지구로 전송했고 단파 수신기가 있는 사람이라면 누구나 그 소리를 들을 수 있었다. 기술 강대국이었던 미국은 자존심에 손상을 입은 수준을 넘어 소련의 능력을 두려워하기에 이르렀다. 지구 궤도를 도는 인공위성을 우주로 보낼 수만 있다면 못할 게 없었다. 소련은 머지않아 떠돌이 개 라이카를 인공위성에 실어보냈다. 라이카의 비행은 애초부터 편도로 예정되었다. 인공위성을 지구 궤도에 이르게는 할 수 있었지만 궤도에서 안전하게 벗어나 지구로 돌아오게 만드는 기술은 개발되지 않은 상태였기 때문이다. 그들은 라이카가 인공위성에 실어 보낸 식량과 산소로 일주일을 버티며 궤도를 돌고 난 후 산소 결핍으로 고통 없이 눈 감기를 바랐다. 하지만 인공위성의 열차폐 장치가 손상되면서 캡슐 내 온도가 급상승하는 바람에 라이카는 안타깝지만 몇 시간밖에 버티지 못했다. 인공위성이 지구를 네 번째 돌 무렵 라이카는 과학의 희생양이 되고 말았다.

한편 미국에서는 과학자들이 소련을 따라잡기 위해 머큐리 계획Project Mercury에 박차를 가하고 있었다. 미국은 스푸트니크 1호와 2호에 필적하는 익스플로러 1호를 쏘아 올리는데 성공했다. 하지만 그들의 궁극적인 목표는 유인有人 우주비행이었다. 이를 위해 더 많은 시험 비행이 필요했다. 홀로만 항공우주의학센터Holloman Aerospace Medical Center는 이 임무에 적합한 침팬지를 찾아냈다. 우주에 발을 디딜 최초의 유인원은 그가 머문 시설의 이니셜을 딴 '햄HAM'이라는 침팬지였다. 햄은 단순한 탑승객이 아니었다. 불이 깜빡일 때 레버를 누른다든지 하는 비행 중 수행해야 하는 몇 가지 역할이 있었다. 비행하기 몇 달 전부터 가벼운 충격과 바나나로 처벌 및 보상 훈련을 받은 햄은 우주에 도착한 후 지구에서 훈련받을 때와 거의 동일한 속도로 레버를 눌러 인간도 우주에서 완벽하게 임무를 수행할 수 있다는 가능성을 입증했다. 16분 간 비행한 햄은 플로리다 케이프 커내버럴 해안가에 안전하게 착륙한 후 25년 동안 유명세를 누렸다. 그후 몇 년 동안 우주 개발 경쟁은 극에 달했다. 초파리, 원숭이, 쥐, 개를 보낸 뒤 드디어 인간이 지구의 자장을 벗어날 차례였다. 최초의 영예를 누린 인물은 소련 우주비행사 유리 가가린Yuri Gagarin이었다. 1961년 4월 그는 보스토크 1호를 타고 무사히 지구 상공을 한바퀴 돌았다. 우리가 살고 있는 행성을 관찰한 지 20만 년 후, 드디어 호모 사피엔스가 공식적으로 우주여행을 하게 된 것이다. 소련이 유리 가가린을 보낸 지 한 달 뒤, 미국도 시험 비행 조종사 앨런 셰퍼드Alan Shepard를 프리덤 7호에 태워 준궤도 비행[1]을 마쳤다. 미국 사전에 '우주비행사'라는 새로운 직업이 등재되는 순간이었다.

미국은 직접 지구 궤도를 도는 유인 우주비행에는 성공하지 못했지만 자신감을 잃지 않았다. 셰퍼드의 비행이 있은 지 3주 후, 존 F. 케네디 대통령은 특별 합동 의회를 통해 세상에서 가장 야심찬 목표를 달성하기 위한 자금을 요청했다. 그 목표는 10년 내 인간을 달에 착륙시킨 뒤 지구로 무사히 귀환하는 것이었다.

"인류에게 이토록 인상적인 우주 프로젝트도, 장기 우주 탐사에 이보다 중요한 우주 프로젝트도 없었습니다. 이보다 달성하기 힘들

---

1) 비행체가 고도 100km 이상(우주의 경계)으로 상승한 뒤 일정 고도에서 하강하는 포물선 형태의 비행

고 비싼 프로젝트도 없을 것입니다."

케네디 대통령의 비전에는 선견지명이 있었다. 하지만 2년 후 그는 안타깝게도 이 놀라운 업적이 실현되는 장면을 보지 못하고 세상을 떠났다. 그의 뒤를 이은 린든 B. 존슨 대통령은 대담하고 혁신적인 목표를 가진 이 프로젝트를 계속 이끌어 나갔다. 미국은 달에 사람을 보내기 전, 지구 저궤도(지구 지상 100킬로미터에서부터 고도 2,000킬로미터까지의 인공위성 궤도-옮긴이)에서 해결해야 할 일들이 많았다. 그 무렵 소련은 보스토크 2호에 우주비행사 게르만 티토프Gherman Titov를 태워 보냈다. 그는 우주에서 하루 이상의 시간을 보낸 동시에 우주에서 구토를 한 최초의 인간이기도 했다. 우주에서도 멀미를 한다는 안 좋은 소식에도 불구하고 이 장기 비행은 미국의 달 탐사 계획에 도움이 될 만한 희소식임이 분명했다. 그가 지구 궤도를 17번이나 돌며 남긴 기록은 인간이 우주에서 머물며 일을 할 수도 있다는 증거가 되기도 했다. 그 뒤를 바짝 쫓은 미국 역시 머큐리 계획의 우주비행사인 존 글렌John Glenn을 프렌드십 7호에 태워 성공적인 궤도 비행을 마쳤다. 역사상 굉장한 성과이긴 했지만 달 착륙까지는 여전히 까마득했다. 케네디 대통령의 약속이 지켜지기까지 아직 갈 길이 멀었다.

막대한 우주 탐사 비용과
국가적 한계

　　1967년 아폴로 계획이 시작될 무렵, 거스 그리섬, 에드 화이트, 로저 채피에게 처음으로 유인 사령선Command Module을 시험 운항하는 임무가 주어졌다. 사령선은 어떤 우주선보다도 복잡했기에 시험 비행이 있기 전까지 수백 번의 공학 설계 수정이 이루어졌다. 하지만 계속해서 설계상의 결함이 발견되었고, 아폴로 1호에 탑승해야 할 세 사람은 우려를 표하며 프로그램에 깊이 관여했다. 다행히 우주선은 고도 챔버테스트[2]까지 무사히 통과했다. 이제 유인 시험 비행을 하기 전 우주선이 발사대에서 자체 힘으로 작동할 수 있는지 확인하는 일만 남았다. 최종 연습만 남겨둔 상태로 전신 압력 우주복을 입은 세 사람은 우주선 안에 들어가 안전벨트를 맸다. 승강구가 봉쇄되고 캡슐 안으로 순산소가 들어왔다. 하지만 우주선의 흔한 문제 중 하나인 마이크 잠음 때문에 모의 카운트다운이 잠시 중

---

2) 고도에 따른 온도와 압력을 견디는 내구성 시험

단되었다. 의사소통을 방해하는 잡음 문제를 해결하는 동안 그리섬이 "건물 두세 개 정도 거리에서도 대화를 못 나눌 만큼 잡음이 심한데 어떻게 달까지 가겠어?"라며 볼멘소리로 말했다. 잠시 후, 캡슐 안에서 우주선에 대기하며 마지막으로 체크리스트를 점검하던 세 사람으로부터 다급한 외침이 들려왔다.

"조종석 안에 불이 붙었다!"

곧이어 고르지 못한 전파를 따라 고통스러운 외침이 들려왔다.

"큰 불이 났다… 우리를 꺼내 달라……우리는 타고 있다!"

한동안 울부짖는 소리가 계속된 뒤 통신은 두절되었다. 관리자가 가까스로 승강구 문을 열었지만 이미 때를 놓친 후였다. 3도 화상을 입은 세 명의 우주비행사들은 우주선 안에 퍼진 독성 가스로 전원 질식해 있었다. 세 사람은 승강구 문을 열려고 시도했지만 거대한 내부 압력으로 인해 불가능했다. 모든 것이 처참하게 파괴되었다. 화재의 원인은 형편없는 배선, 우주선을 채운 순산소, 발화원 근처에 가득한 가연성 물질들, 고압력 환경에서 제거가 불가능한 승강구 덮개, 응급상황 준비 불충분 등 복합적이었다. NASA는 이 고통스러운 학습을 통해 다시 절차를 점검하고 정밀조사를 확대해 나갔다. 이 비극적인 사건은 우주비행에 내재된 여러 가지 문제와 새로운 분야를 탐사할 때 수반되는 크나큰 비용을 깨닫게 해주었다. 그럼에도 불구하고 아폴로 계획은 중단되지 않고 계속 되었다. 하지만 약속한 10년 중 3년밖에 남지 않은 상황에서 해결해야 할 문제는 여전히 많았다.

다행히 재능 있는 이들은 넘쳐났다. 미국 전역에는 약 40만 명의 남녀가 아폴로 계획에 참여하고 있었다. 2만 개에 달하는 기업과 대학도 프로그램을 지원했다. 아이를 키우는데 마을 전체가 필요하다면 달 로켓을 발사하는 데는 나라 전체가 필요했다. 우주비행사, 우주비행 관제사, 공학자라는 가시적인 기여자 외에도 아폴로 계획은 보이지 않는 곳에서 일하는 수많은 이들의 노력으로 계속 지탱해 나갈 수 있었다. 영화 〈히든 피겨스Hidden Figures〉는 당시 기존 역사에서 제외되어 알지 못했던 '인간 컴퓨터'라 불린 흑인 여성 노동자들의 삶을 잘 조명해 주고 있다. 수학자와 프로그래머 외에도 물리학자, 재무분석가, 행정지원 담당자, 공무원 등의 기여로 미국 달 로켓 발사 계획은 더욱 가속화되었다. 무엇보다 아폴로가 10년 내내 미국인들의 저녁 식탁 위에 가장 인기 있는 주제로 자리 잡을 수 있도록 신문 1면을 장식한 수많은 기자, 방송인, 작가, 편집자, 사진작가들 덕분에 사람들은 달이 늘 닿을 수 있는 곳에 있다고 믿었다.

수차례에 걸친 무인 준비 미션으로 목표는 더욱 가까워졌다. 새턴 V호 로켓 제작부터 달 착륙선Lunar Module의 지구 궤도 시험 비행, 불완전하지만 만족스러운 추진 기동 시운전까지 달로 갈 준비가 막바지 단계로 향해 가고 있었다. 1968년 가을, 드디어 새턴 V호가 유인 시험 비행을 위한 준비를 마쳤다. 시험은 더디게 이루어졌지만 흥분은 계속 이어졌다. 아폴로 7호의 승무원들은 11일 간의 시험 비행을 마치고 지구 궤도에서 TV 생중계한 공로로 에미상을 수상했다. 아폴로 8호 승무원들은 달 궤도에 진입한 최초의 인류가 되었고 크리스마스이브에 달 표면 사진을 촬영해 전 세계의 이목을 끌었다. 아폴로 9호 우주비행사들은 달 착륙선 바깥에서 새로운 우주복을 테스트하고 랑데부(두 대의 우주비행체가 서로 가깝게 접근해 상대속도가 제로가 되도록 일치시키는 기술-옮긴이)와 도킹(우주선이나 인공위성이 우주 공간에서 서로 연결되는 것-옮긴이)을 연습했다. 아폴로 10호 우주비행사들은 최종 시운전을 하며 달 표면으로부터 15킬로미터 위로 달 착륙선을 띄우기도 했다. 마침내 1969년 7월 20일, 아폴로 11호는 달 착륙에 성공했다. 우주비행사 마이클 콜린스가 사령선을 타고 달의 궤도를 도는 동안 닐 암스트롱Neil Armstrong과 버즈 올드린Buzz Aldrin은 달 착륙선에서 내려 지구에서 수십만 킬로미터 떨어진 달 표면에 발을 디뎠다. 최초로 인간이 다른 천체에 첫 발을 내딛는 순간 닐 암스트롱은 인류에게 미칠 심오한 영향을 한 마디로 요약한 유명한 말을 남겼다.

"한 인간에게는 작은 한 걸음이지만 인류에게는 위대한 도약이다."

전 세계 인구의 15퍼센트를 차지하는 약 6억 명의 사람들이 이 장면을 실시간으로 목격했다. 인류가 우주에 첫 발을 내딛는 순간을 보기 위해 전 세계 사람들이 TV 앞에 모였다. 우주비행사들은 몇 시간 동안 완전히 다른 세상의 표면을 둥둥 떠다니면서 샘플을 수집하고 과학 기기들을 설치했다. 미국인 최초로 달 위를 걷게 된 비행사들은 미국 국기와 아폴로 1호에 탑승했던 우주비행사들의 미션 패치(우주비행사를 비롯해 해당 미션에 관련된 이들의 옷에 덧대는 천 조각-옮긴이) 그리고 극적인 순간을 기리기 위한 명판을 남겼다. 이 명판에는 비행사들의 서명과 더불어 새로 선출된 리처드 닉슨 대통령의 메시지도 담겨 있었다.

여기 지구라는 행성에서 온 인류가 처음으로 달에 발자국을 남기다
서기 1969년 7월, 우리는 인류의 평화를 위해 이곳에 왔다

암스트롱은 이 비행을 '새로운 시대의 시작'이라 명명했고 아폴로 계획은 그 후로도 3년간 계속되었다. 달 착륙 임무는 아폴로 20호까지 계획되었지만 여러 난항과 예산 삭감 문제를 겪어야 했다. 아폴로 12호는 순탄하게 달까지 갔으나 아폴로 13호는 임무에 들어간지 이틀 만에 산소 탱크가 폭발하는 바람에 승무원들이 달 착륙선을 구명보트처럼 사용해 지구로 돌아와야 했다. 산소탱크를 재설계하는 동안 아폴로 계획은 일시 중단되었고 실험은 한동안 시들해졌다.

그 무렵 지구에서 일어나는 일들과 우주에서 벌어지는 일들 사이의 불협화음이 극명해졌다. 베트남 전쟁과 내전이 다시 화두로 떠오르면서 대중은 지금 우주 개발 자금을 지원하는 게 옳은 일인지 혼란스러워하기 시작했다. 사람들은 달 착륙 로켓 개발에 250억 달러라는 거금이 든다는 사실을 깨달았고, 그 돈을 로켓 개발이 아닌 이

곳 지구에서 발생하는 시급한 문제들을 해결하는 데 사용하는 편이 더 낫다고 생각했다.

1970년이 되자, 국가 주요 사안이 바뀌고 냉전 시대가 종식될 기미가 보일 때쯤 마지막 세 번의 아폴로 임무가 취소되었다. 이로써 우주비행사들이 달을 탐사할 수 있는 기회는 네 번밖에 남지 않게 되었다. 아폴로 14, 15, 16호는 달 표면에서 더 많은 시간을 보내며 최대한 많은 샘플을 추출했다. 그들은 월면차Lunar Rover를 이용해 더 많은 지형을 탐사하고 마지막 비행을 하고 돌아올 아폴로 17호의 세부 계획서를 만들었다. 아폴로의 마지막 임무에는 해리슨 슈미트Harrison Schmitt라는 뜻밖의 탑승객이 포함되었다. 그는 우주를 항해한 최초의 과학자였다. NASA는 우주선에 탑승시킬 최초의 '과학자이자 우주비행사'로 조종사 대신 지질학자였던 슈미트를 선택했다. 신비로운 달 표면에 관한 정보를 캐낼 마지막 기회임을 깨달은 미국이 드디어 과학자를 달에 보냈던 것이다. NASA의 선택은 '과학자인 동시에 우주비행사'라는 중요한 선례를 남겼다. 아폴로 계획이 시들해지자 닉슨 대통령은 추가 달 탐사 제안을 받아들이지 않았다. 드디어 우주 탐사에 대한 비용을 전적으로 정부 지원에만 의존할 경우 부딪힐 수밖에 없는 한계가 드러난 것이다. 대통령은 "우리는 과거의 성공을 발판 삼아 새로운 성과를 달성하기 위해 노력해야 합니다. 하지만 지구에서 일어나고 있는 중대한 문제들에 우선적으로 관심을 갖고 자원을 투입할 수밖에 없습니다"라고 설명했다. 달의 신비로

움은 태양계를 둘러싼 우리의 호기심을 끊임없이 자극하고 있었지만 지구 궤도 너머 우주 탐사가 계속 이어지려면 엄청나게 많은 예산이 필요했다. 물론 인간이 탑승하지 않는다면 훨씬 적은 비용으로 더 새로운 업적을 달성할 수 있었지만 말이다.

1970년대 말, 결국 아폴로 계획에는 더 이상의 막대한 예산이 투입되지 않았다. 하지만 우주는 여전히 미국인들의 가장 큰 관심사로 남아있었다. 〈스타워즈〉는 박스 오피스 기록을 깰 만큼 큰 인기를 끌었고, 로봇 우주비행 역시 차츰 속도를 내고 있었다. 수성과 금성에 탐사선을 보낸 NASA 과학자들은 외행성에도 관심을 보이기 시작했다. 드물게 목성, 토성, 천왕성, 해왕성이 정렬하는 시기가 다가오자 연료를 절약하는 중력 보조 기술을 이용해 우주선을 한 행성 궤도에서 다른 행성 궤도로 보내는 계획을 시도했다. 시기만 잘 맞춘다면 우주선 한 대로 여러 행성을 탐사할 수 있었다. 보이저 1, 2호가 어느 때보다도 인류를 멀리 실어 나르고 심우주深宇宙까지 들여다볼 수 있는 우리의 눈과 귀가 되어 주었다. 쌍둥이 탐사선의 주요 목표는 목성과 목성의 위성인 이오Io, 토성과 토성의 위성인 타이탄Titan에 근접 비행하는 것이지만 보이저 2호는 예산이 허락하는 한 천왕성과 해왕성까지 계속 향해질 수 있도록 궤적을 설정했다. 목성 탐사 결과로 얻은 정보는 방대했다. 커다란 위성 이오는 표면에서 300킬로미터 위로 거대한 활화산이 불기둥을 뿜어내고 있었다.

우주비행사들이 망원경 렌즈를 통해 백 년 넘게 관찰되었던 목성의 대적점Great Red Spot은 알고 보니 느릿느릿 움직이는, 지구 두 배 넓이의 엄청나게 큰 폭풍우였다. 보이저 2호는 토성을 근접 비행하며 유명한 고리까지 가까이에서 관찰했을 뿐만 아니라 새로운 위성 세 개를 추가로 발견했다. 탐사선은 이미 과학 교과서를 다시 쓸 수 있을 만큼 충분한 양의 자료를 확보했지만 이대로 돌아가기엔 너무 아쉬웠던 보이저 2호는 천왕성과 해왕성까지 탐사하였고 우리는 신비로운 거대 가스 행성을 처음으로 가까이서 관찰할 수 있었다. 보이저 1, 2호가 밝혀낸 방대한 양의 과학 정보는 행성과학의 흐름을 바꿔놓았을 뿐 아니라 미션의 인지도를 격상시키고 대중의 상상력을 사로잡았다. 네안데르탈인처럼 호모 사피엔스도 감상적인 무리였다. 연구팀은 보이저 1호와 2호가 목표 행성을 지나면 인류가 만든 사물 중 최초로 태양계를 떠나게 된다는 점에 주목했다. 이 두 우주선은 지구라는 행성에서 보낸 한 쌍의 성간 사절단이 되는 셈이다. 두 탐사선이 심우주를 항해하며 통신 불가능한 영역 너머에 무엇을 발견하게 될지 아무도 모르지만, 이 여정이 외계 문명과 최초로 조우할 평생 단 한 번뿐인 기회임은 분명해 보였다.

탐사선 발사를 9개월 앞두고 유명한 천문학자 칼 세이건은 훗날 만날지도 모를 외계 문명에게 전하는 인사를 그 안에 담자고 NASA를 설득했다. 그는 지구라는 행성의 삶과 문화를 오롯이 담을 수 있는 소리와 이미지를 통한 메시지를 선택해야 하는 엄청난 임무를 수행할 팀원들을 소집했다. 이 자료는 금박을 입힌 지름 30센티미터의 디스크에 담겨 두 탐사선에 부착될 예정이었다. 하지만 메시지를 담을 공간이 한정적이다 보니 90분짜리 음악과 118개의 사진으로 압축하여 인류의 이야기를 디스크에 아로새기는 작업은 어마어마한 책임이 수반되었다. 그의 아내이자 동료인 앤 드류얀은 프로젝트를 함께 하며 "우리는 부엌 식탁에 앉아 무엇을 담고 무엇을 뺄지 신중하게 결정했습니다. 수억 년 된 문화 중에서 몇 가지를 선별해 문화계 노아의 방주를 만드는 막중한 임무가 우리 손에 놓이다니 정말 영광이었어요"라고 말했다. 프로젝트를 진행하던 도중 드류얀과 세이건 두 사람 사이에 로맨스가 싹텄고, 둘은 사랑에 빠진 여성의 뇌 전도 뇌파를 보여주는 짧은 코멘트도 집어넣었다. 지구라는 행성의 풍경과 소리를 궁금해할 먼 훗날의 수령인을 위한 이 기록물에는 교육적인 것부터 예술적인 것에 이르기까지 다양한 이미지가 담겨 있었다. 슬라이드 쇼에는 우리의 태양계, DNA 구조, 수학, 세포, 인체 구조를 보여주는 도표와 안내서로 시작해 풍경, 동물, 아이, 가족, 사회 활동, 건물, 도시 심지어 로켓이 발사되는 순간까지 다양한 이미지가 등장했다. 간략하지만 인류의 진화를 보여주는 인상적인 시각 여행이었다. 음악 분야에서는 바흐, 베토벤, 스트라빈스키, 모차르트가 본선에 진출했으며 여기에 전 세계 문화의 민속 음악이 추가되나. 음악을 고르는 일도 쉽지 않았지만 최초로 적용될 '우주 저작권' 문제를 음반사와 해결하는 것 또한 쉬운 일이 아니었다. 심사숙고한 결과 척 베리의 〈Johnny B. Goode〉와 블라인드 윌리 존슨이 부른 〈Dark was the Night〉가 동시대 음악 목록으로 선택되었다. 음악 외에도 지구의 삶을 담은 음성 에세이가 실렸는데 여기에는 동물, 날씨, 발걸음, 기계, 웃음, 엄마의 키스 소리와 단순한 인사말을 담은 55개 언어가 포함되었다. 하지만 이 단순한 인사말은 합의 보기가 쉽지 않았다. 사절단이 훨씬 더 긴 말을 준비한 채 마이크 앞에 섰기 때문이다. 원래 UN 사절단이 '안녕하세요'라는 인사말을 각국의 언어로 녹음할 예정이었는데 시를 낭독하는가 하면 고무적인 연설을 한 이들도 있었다. 모두 국가를 대신해 전 세계 통합을 호소했다. 외계 생명과 접촉할 확률은 극히 낮지만 분명 전 세계 사람들이 귀 기울이고 인류의 사기를 진작시킬 드문 기회 앞에서 누가 감히 그들을 비난할 수 있겠는가? 결국 세이건은 코넬 대학교 외국어학부에 연락해 짧은 인사말을 부탁했다. 그 중 팀원들을 감동시킨 메시지가 있었으니 바로 쿠르트 발트하임^{Kurt Josef Waldheim} 사무총장의 연설이었다.

"지구에 살고 있는 모든 사람을 대변하는 147개국의 UN 사무총장으로서 사람들을 대신해 인사를 전합니다. 우리가 태양계에서 나와 우주로 향하는 여정을 떠나는 것은 우정과 평화를 추구하기 위해, 부름을 받으면 가르침을 전하기 위해, 운이 좋다면 가르침을 받기 위해서입니다. 우리 행성과 그 안에 살고 있는 사람들은 우리가 거대한 우주의 극히 일부에 불과하다는 사실을 잘 알고 있습니다.

겸손하고 희망찬 마음으로 당신들을 향한 발걸음을 내딛습니다."

이 연설은 기록물에 포함될 가치가 충분한 아름다운 문장들이었다. 하지만 정치적인 개입이 시작되자 이를 무시할 수 없었던 NASA는 기록을 접할 외계 생명체를 혼란스럽게 만들 소지가 있음에도 프로젝트에 자금을 지원한 미국 상원 의원들의 이름을 포함시켰다. UN 사무총장과 미국 상원 의원들의 공간을 마련했으므로 형평성을 위해 미국 대통령 이름 역시 언급해야 했다. 하지만 지미 카터 대통령은 공간의 한계를 고려해 음성 대신 문자로 아주 간결한 인사말을 전함으로써 세계 지도자다운 면모를 보여주었다.

"저 멀리 작은 세상에서 보내는 이 선물에는 우리의 소리, 과학, 이미지, 음악, 생각 그리고 감정이 담겨 있습니다. 우리는 우리 시대를 살아남아 당신들의 세계에 들어가려고 합니다. 언젠가 우리가 당면한 문제를 해결해 은하계 문명 공동체에 합류할 수 있기를 소망합니다. 이 기록은 거대하고 신비로운 우주를 향한 우리의 희망이자 결단력, 선의의 상징입니다."

우주 탐사에 관한 업적은 나이, 성별 가릴 것 없이 전 세계 사람들의 상상력에 불을 지폈다. 당시 '유인manned 우주비행'이라는 용어를 사용했지만 여성을 대표하는 우주비행사가 있었다. 그는 바로 1963년 소련의 보스토크 6호를 운전해 우주여행을 떠난 여성 최초의 우주비행사 발렌티나 테레시코바Valentina Tereshkova다. 이는 가부장적인 태도를 고수하던 미국 우주 지도부를 향해 성평등을 촉구하는 목소리가 높아진 계기가 되었다. 테레시코바가 보스토크 6호에 탑승하기 한 해 전, 미국의 한 어린 소녀는 대통령에게 나중에 커서 미국 우주비행사가 되고 싶다는 편지를 보냈다. 이에 NASA는 "여성 우주비행사가 되어 국가를 위해 봉사하겠다는 당신의 의지는 아주 기특하군요. 많은 여성들이 우주개발 프로그램에서 다양한 역할을 하고 있고, 그 중에는 아주 중요한 과학 직책도 있습니다. 아쉽게도 과학 훈련과 비행 훈련의 강도 및 신체적 특성 등을 고려할 때 현재 여성 우주비행사 채용은 불가능합니다"라는 내용의 답장을 보냈다. 하지만 이 같은 주장은 이미 논쟁을 낳기 시작했으니 어린 소녀가 거절 답변을 받던 바로 그 때, 한 여성이 진정서를 내기 위해 의회로 향하고 있었다.

의도적으로 NASA가 우주비행사 선발에 여성을 배제하지는 않았다. 애초에 제작된 후보자 선별 조건에 의해 여성들은 절대 우주비행사가 될 수 없었을 뿐이다. NASA가 정한 이상적인 우주비행사 선발 조건은 극도의 스트레스를 받거나 긴급한 상황에서도 침착하게 대처하며 고속 비행에 수반되는 신체적, 심리적 스트레스를 경험한 사람이었다. 이러한 기본적인 요건을 충족하는 잠재 후보자는 우주비행의 고단한 환경을 견딜 수 있는 광범위한 건강검진을 받아야 했다. 선발 프로그램이 엄청나게 인기를 끌 거라 예상한 NASA는 서류 심사를 통과한 무수히 많은 후보자 전부를 상대로 건강검진을 실시하기란 불가능하다고 판단했다. 이 문제를 해결하기 위해 NASA는 지원자의 범위를 '군사 시험 비행 조종사'로 좁혔다. 그럴 경우 이미 모든 후보자가 시험 비행에 적합한 기본 자질을 갖추고 있을 테니 정교한 사전 심사를 마친 인재를 대상으로 최종 후보만 심사하면 된다. 그러나 이는 미국 인구의 절반에 해당하는 이들의 자격을 박탈하는 조건이었다. 당시 군사 시험 비행 조종사 학교는 남자만 들어갈 수 있기 때문이었다. NASA의 우주비행사가 되고 싶어 하는 시험 비행 조종사들을 기다리고 있는 다음 단계는 침습성 의료 검사, 지구력 검사, 정신건강 평가였다. 후보자들은 끊임없는 의료 점검과 정신 상담 인터뷰를 받는 동시에 러닝머신 위를 달려야 하고 전기 충격과 감각 차단을 견뎌야 했으며 지칠 때까지 풍선을 불어야 했다. 우주는 미지의 영역이었기에 과학자들로선 새로운 환경에 대처하기 위해 완벽한 건강 외에 어떠한 자격이 필요한지 확신할 수 없었다. 어려운 선발 과정 끝에 '머큐리 7'이라 불리는 일곱 명의 우주비행사가 탄생했다.

미국 최초의 우주비행사들이 새로운 임무와 대중의 관심에 적응해나갈 무렵, NASA 항공 군의관이자 생명 과학부 수장인 랜디 러브레이스Randy Lovelace는 새로운 관점으로 자료를 다시 살펴보기 시작했다. 그리고 '체구가 작고 가벼운 여성이 우주비행에 더 적합한가'라는 의문을 품기 시작했다. 항공 분야의 개척자인 재클린 코크런Jacqueline Cochran과 함께 일했던 그는 자신이 운영하는 진료소에서 코크런 부부가 지원해준 자금을 이용해 여성 후보자들을 상대로 동일한 시험을 진행했다. 그는 NASA의 공식적인 우주비행사 선정 과정을 그대로 적용하기 위해 우주비행 경력이 천 시간 이상인 여성을 조종사 후보로 한정했다. 여성 우주비행사 수습생(FLAT) 중에서 제럴딘 '제리' 코브Geraldyn 'Jerrie' Cobb는 머큐리 7이 받은 테스트와 동일한 시험을 전부 통과한 최초의 여성이 되었다. 그는 최종 선발된 남성 대부분보다 우월한 성적을 내기까지 했다. 뒤이어 12명의 여성이 추가로 선발되었고 이 비상한 여성들은 '머큐리 13'이라고 불렸다.

랜디는 우주비행사 선정 특별소위원회의 공청회에 참석해 여성이 우주비행사에 포함되어야 하는 이유를 준비한 자료와 함께 설득력 있게 주장했다. 하지만 모두 납득시키지는 못했다. 머큐리 7 우주비행사 존 글렌과 스코트 카펜터Scott Carpenter 역시 증언에 나섰는데 그들은 이론상으로는 여성의 능력을 인정하면서도 실제 후보자로 선정하기를 꺼렸다. 글렌은 "늘 그래왔듯이 남자들은 전쟁에 나가 싸우고 비행기를 몰다가 전쟁에서 돌아오면 비행기를 설계하고 만들고 시험하는데 기여합니다. 여성이 이 분야에서 활동하지 않는 이유는 그것이 사회적 질서이기 때문입니다. 물론 바람직하지 않을 수 있습니다만 말했다시피 우리는 특정한 자격요건을 갖춘 사람만을 선발할 뿐입니다. 누구라도 그 요건을 충족한다면 저는 그들을 지지합니다"라고 말했다. 그러나 NASA는 우주비행사 자격요건을 수정하지도, 여성들에게 군사 시험 비행 조종사 학교를 개방하지도 않았다. 기존 조건에 따라 여전히 남성만이 우주비행사 후보가 될 수 있었다. 정작 글렌은 우주비행사 후보 선발 당시 필수 제출자료였던 대학 학위가 없었다. 이 교착 상태는 NASA가 인재풀을 넓히기 위해 첫 조치를 취하기까지 17년이나 계속되었다.

1978년, NASA는 달 착륙에 성공한 이후 처음으로 새로운 우주비행사 후보를 발표했다. 마침내 새로운 궤도 비행 우주선의 청사진을 제시하는 임무 말고도 우주비행사 후보를 다각화하는 방법을 파악했다. '우주비행사 그룹 8'에는 기존 자격을 갖춘 우주비행사 외에도 우주선 임무 전문가라는 새로운 역할이 신설됐다. 새로운 전문가들 중 미국 최초로 선정된 여섯 명의 여성 우주비행사가 포함되었다. 생화학자 섀넌 루시드, 의사 마가레트 레아 세든, 공학자 주디스 레스닉, 지질학자 캐서린 설리반, 물리학자 샐리 라이드, 우주로 떠난 최초의 어머니이자 화학자 안나 피셔가 그들이다. 이 역사적인 무리에는 최초의 흑인 여성 우주비행사이자 물리학자인 로날드 맥네어, 비행사인 프레드릭 그레고리, 기온 블루포드 세 명이 포함되었다. 그리고 미국 최초의 아시아 우주비행사이자 공학자인 엘리슨 오니주카도 포함되었다. 1983년 마침내 그들은 우주비행 준비를 마쳤다. 샐리 라이드^{Sally Ride}가 새로운 우주왕복선 챌린저의 탑승자 명단에 합류하면서 우주 탐사를 떠날 최초의 미국 여성이라는 영예를 안았다. 샐리가 과학에 집중하고 있는 사이, 미국 언론은 그의 성별에 초점을 맞춘 기사를 써내려갔다. 기자들은 그의 가족계획뿐 아니라 일하다가 스트레스를 받으면 울어버리는지 알고 싶어 했으며 심지어 우주에서 그가 입을 속옷에까지 관심을 기울였다. 방송인 자니 카슨을 비롯한 심야 프로그램 진행자들은 샐리가 신발과 어울리는 손가방을 찾을 때까지 우주선 발사가 지연될 것이라는 농담을 던져 성적 고정관념을 공고히 하는데 일조했다. 팀 내에서조차 샐리는 여성이 우주비행에 참여함으로써 가져오는 변화를 끊임없이 상기시키는 존재였다. 동료 공학자들은 우주선 진공 화장실 주변에 커튼을 치는가 하면 (악의적인 의도는 없었겠지만) 7일 비행에 탐폰이 100개면 충분하냐고 큰 소리로 묻기도 했다. 그럼에도 불구하고 샐리의 우주비행 참여는 미국 여성이 우주로 진출하는 기반을 닦아놓았고 'manned' 우주비행에서 'human' 우주비행으로 바뀌는 계기를 마련했다.

샐리가 탄 우주선은 선체 자체를 다시 사용할 수 있다는 점에서 독특했다. 이륙에 필요한 두 개의 로켓 부스터가 장착된 선체는 다시 지구로 매끄럽게 착륙할 수 있고, 새로운 로켓 부스터를 탑재해 다시 발사될 수도 있다. 그 결과 궤도를 선회하는 다섯 개의 우주선은 30년 동안 135개의 임무에 걸쳐 355명의 비행사를 우주로 실어 보내 연구를 수행하고 장비를 정비하며 온갖 실험을 진행했다. 하지만 우주 탐사 프로그램의 어마어마한 성과에는 비극이 수반되었으니 우주 탐사선 챌린저호와 콜롬비아호를 잃은 뒤, 미국은 한계를 초월하는 일의 위험과 새로운 영역에 도전하는데 필요한 어마어마한 비용에 뼈저린 교훈을 얻었다. 우주 탐사선 챌린저호의 열 번째 비행은 특별했다. 사령관 딕 스코비와 조종사 마이크 스미스, 탑승 실험 과학자 그레고리 자비스, 우주선 임무 전문가 주디스 레스닉, 엘리슨 오니주카, 로날드 맥네이어를 태운 궤도 선회 우주선은 우주 비행에 선발된 최초의 민간인을 실어 나를 예정이었다. 행운의 인물 은 NASA의 새로운 프로젝트인 '우주의 교사'에 지원한 1만 1천 명 가운데 최종 선발된 크리스타 매콜리프^{Christa McAuliffe}였다. 그는 궁극 적인 현장학습을 통해 학생들을 고무시킬 참이었다. 1986년 1월 28 일 유난히 쌀쌀한 아침, 미국 전역의 학생들은 TV 앞에 모여 매콜리 프를 비롯한 다른 챌린저호 탑승객들이 우주선에 올라타는 모습을 지켜보았다. 하지만 안타깝게도 챌린저호는 하늘로 떠오른 지 73초 만에 공중분해되어 대서양 상공에서 산산조각이 나고 말았다. 탑승 객 일곱 명은 전원 사망했다. 전체 미국 인구의 20퍼센트가 공포 속 에서 그 장면을 지켜보았다. 알파벳 O자 모형의 고무로 만들어진 고 리 마개가 추위에도 작동할 수 있도록 설계되지 못해 끔찍한 사고 가 일어났다. 국민들은 슬픔에 잠겼다. NASA는 왕복우주선 프로그 램을 잠시 중단한 채 사고를 조사하고 절차를 점검하는 데 거의 3년 을 할애했다.

하지만 17년 후 또다시 비극이 찾아왔다. 약 16일 간 콜롬비아호 에 탑승해 있던 사령관 릭 허즈번드, 조종사 윌리엄 맥쿨, 탑승 실험 과학자 일란 라몬, 우주선 임무 전문가 마이클 앤더슨, 데이비드 브라운, 칼파나 차울라, 로럴 클라크는 지구로 귀환할 준비를 하고 있었다. 2주 동안 수십 개의 연구와 실험을 진행한 뒤 드디어 집으로 돌아오는 길이었다. 갑자기 우주비행 관제 센터에서 근무하던 일부 공학자들이 우려를 표하기 시작했다. 2주 전 발사 현장을 담은 동영상에서 발포 단열재 파편이 콜롬비아호의 외부 연료 탱크에서 떨어져 나와 왼쪽 날개에 부딪히는 모습을 발견했기 때문이다. 우주비행사들 역시 이 파편의 존재를 알고 있었지만 영상을 살펴본 NASA 기술자들은 지구로 귀환하는 데 아무 문제가 없을 거라고 결론 내렸다. 그들은 "이전 비행에서도 여러 차례 발생한 현상이다. 전혀 걱정할 필요 없다"라는 내용의 이메일을 우주비행사들에게 보냈지만 지상 근무자들의 생각은 달랐다. 우주선이 지구 궤도로 재진입하는 날이 다가올수록 일부 공학자들은 최악의 시나리오를 언급하며 우려를 표했다. 만약 궤도 선회 우주선의 내열 시스템이 망가졌다면 궤도 상에서 수리는 더 이상 불가능했다. NASA는 내열 시스템에 문제가 없다고 확신했지만 우주비행 관측 센터 직원들은 우주비행사들에게 주의하라고 일러줘야 하는 게 아닌지 계속 걱정했다. 하지만 NASA는 발포 단열재가 날아갔을 때에도 아무런 문제가 발생하지 않았다며 계속 낙관적인 태도를 고수했다.

마침내 2003년 2월 1일, 콜롬비아호가 음속의 25배 속도로 지구 대기에 재진입하는 동안 열차폐 장치가 고장났고 내부 날개 구조물이 무너졌다. 점점 우주선의 기압이 낮아지는가 싶더니 결국 콜롬비아호는 텍사스 상공에서 산산조각 나고 말았다. 일곱 명의 승무원 역시 전원 사망했다. 우주 탐사 프로그램은 또다시 중단되었다. NASA는 다시 조사를 진행하고 절차를 점검하며 향후 비행에 대비한 안전 대책을 세워나갔다. 연이어 실수가 발생했고 아까운 목숨들이 희생되었다. 미국이 꿈꾸는 우주여행의 미래는 불확실해 보였고 우주여행은 정말 힘들고 위험한 과제라는 사실이 더욱 확고해지고 있었다.

탑승자 중 한 명이었던 로럴 클라크의 남편은 콜롬비아 승무원을 기리는 추도식에서 "이 추모비에는 아직 많은 여백이 있습니다. 앞으로도 계속해서 채워질 것입니다. 인류의 운명에는 비용이 수반되기 때문입니다"라고 말했다. 그의 말처럼 미국은 우주여행을 하거나 space-faring 우주를 두려워 space-fearing 하게 될 수도 있었지만 앞으로 나아가기 위해서는 국가적 차원의 위험을 감수하는 수밖에 없다는 사실을 깨달았다. 당시 대통령이었던 조지 W. 부시 역시 슬픔에 잠긴 국민들에게 비극을 딛고 일어설 것을 촉구했다.

"그들이 목숨을 바친 대의는 계속될 것입니다. 하지만 우리의 우주여행도 계속될 것입니다."

미국의 우주왕복선 프로그램은 콜롬비아호가 비극을 맞이한 후 8년 동안만 지속될 수 있었다. 하지만 그 임무 덕분에 과학은 급속도로 발전할 수 있었고, 인류는 우수에 대해 여선히 일아가아 할 부분이 얼마나 많은지 깨달았다.

인류는 20세기까지만 해도 우주가 우리 은하만으로 이루어져 있다고 생각했다. 망원경으로 들여다보면 우주는 에드윈 허블^{Edwin Hubble} 같은 천문학자의 시야를 흐릿하게 만드는 먼지로 가득해 보였다. 하지만 1920년대 성능이 가장 뛰어난 망원경이었던 마운트 윌슨 천문대^{Mount Wilson Observatory}의 신형 후커 망원경^{Hooker Telescope} 덕분에 허블은 밤하늘을 새롭게 바라볼 수 있었다. 그는 진동하는 별들의 밝기를 통해 우리 은하계와 그들 간의 거리를 계산할 수 있다는 사실을 발견했다. 그렇게 계산한 결과, 그 항성들은 우리 은하계에 포함시키기에 너무 멀었다. 흐릿한 먼지구름은 우리 은하 귀퉁이에 자리한 가스나 먼지 성단이 아니라 관측 결과 팽창하고 있는 우주 건너편에 자리한 자체 은하였다. 허블은 은하가 하나만이 아니라 10억 개가 넘을지도 모르며 이 은하들을 관측하려면 훨씬 더 성능이 뛰어난 망원경이 필요하다고 결론 내렸다. 70년 후, 몇몇 시안 모형이 제작된 뒤 드디어 허블 우주 망원경이 디스커버리호 화물칸에 실리게 되었다. 지구 저궤도로 향할 이 망원경은 우주 가장 깊숙한 곳의 비밀을 밝혀줄 거라 기대했다. 망원경이 밝혀낼 이 상징적인 이미지들은 천문학자와 대중 모두를 사로잡을 귀중한 과학 자료로 활용될 예정이다. 허블은 지구의 정확한 나이가 138억 살이며 초거대질량 블랙홀이 대부분 은하에 있다는 사실과 목성의 위성들에서 보이는 (가니메데에는 대양이 있고, 유로파에는 물기둥이 있다는) 흥미로운 지질학적 특징 등을 밝히는데 기여했다. 그 규모는 어마어마했다.

우주에는 수천억 개의 은하계가 존재한다. 하지만 우리는 우리 은하의 나머지 부분뿐 아니라 태양계의 일부조차 제대로 탐사하지 못했다. 지구인들이 발견하지 못한 것들이 여전히 많지만, 지구에서 가장 가까운 행성부터 살펴보자. 멀리 떨어져있지만 우리와 이웃한 붉은 행성, 그것이 늘 묘하게 우리의 마음을 사로잡곤 했다.《우주 전쟁》부터 《화성 연대기》를 거쳐 《낯선 땅 이방인》에 이르기까지 화성은 우주에 다른 생명체가 있을지도 모르니 탐사를 좀 해보라고 유혹하는 등 오랫동안 우리의 상상력을 자극해왔다. 화성 탐사라는 또 다른 우주 개발 경쟁이 시작됐다. 하지만 화성은 도달하기 힘든 목적지로 악명이 높고 미션 성공 확률은 50퍼센트가 채 되지 않는다. 소련이 개발한 마스 2호와 마스 3호 탐사선은 화성 표면에 도달하지 못했다.[3] 최초로 인간이 만든 사물을 화성으로 보낸 소련은 여전히 경쟁에서 앞서고 있었지만 미국 역시 그 뒤를 바짝 쫓았다. NASA는 드디어 마리너 9호를 최초로 화성 궤도에 진입시켰고 탐사선은 화성의 사진들을 지구로 전송해왔다. 사진들을 통해 우리는 과거 어느 시점에 이 바위투성이의 행성 표면에 액체 상태의 물이 흘렀을 가능성이 높다는 사실을 알게 되었다. 붉은 행성에 관한 인식을 바꾼 결과 우리는 더 큰 꿈을 꾸게 되었다. 또, 최초로 올림푸스 몬스^{Olympus Mons} 화산의 전체 규모도 제대로 파악할 수 있게 되었다. 에베레스트 산

---

3) 소련의 화성 탐사선 마스 1호는 화성에 19만 5천 킬로미터까지 접근한 뒤 교신이 두절됨

보다 2.5배나 높다고 밝혀진 이 화산은 태양계에서 가장 큰 화산으로 재분류되었다. 물의 흔적을 발견한 NASA는 생명체의 존재를 과학적으로 입증할 만한 증거를 확보하고자 1975년 바이킹 1호와 바이킹 2호를 화성으로 보냈다. 탐사선에서 보내온 자료는 증거로 불확실했지만 과학적으로는 꽤 고무적인 성과였다. 하지만 곧 익숙한 장애물이 등장했다. 바로 시간과 예산의 부족이었다. 그로부터 20년이 흐르고 과학 기술이 획기적으로 발전한 뒤에야 가성비가 높은 탐사 로봇 '소저너'를 손에 쥘 수 있었다. 무인 화성 로봇 탐사선 패스파인더 pathfinder호에 실려 이동한 소저너는 다른 행성 표면에 발을 디딘 최초의 로봇이다. 원래 7솔(SOL 화성의 하루 단위. 1솔은 24시간 37분 23초로 지구보다 조금 더 길다-옮긴이) 동안 임무를 수행할 예정이었던 소저너는 83솔(지구 날짜로 85일)을 더 버텼다. 로봇이 보내온 자료에 따르면 차갑고 먼지투성이인 우리의 이웃은 한 때 훨씬 더 따뜻하고 습한 행성이었다. 패스파인더호와 소저너는 NASA가 구상 중인 후속 임무의 개념을 증명하는 역할도 했다. 소저너의 발자국을 따라다니며 전 세계의 마음을 사로잡을 일련의 탐사 로봇들도 여기 포함된다.

첫 타자는 스피리트Spirit였다. 골프 카트 크기의 탐사선은 90솔 동안 한 때 액체 상태의 물이, 또는 생명체가 흘렀을지 모를 구간까지 탐사하는 임무를 맡았다. 하지만 화성의 모래 폭풍은 로봇의 기동성을 떨어뜨리고 전력을 공급하는 태양 전지판 위에 조금씩 쌓여 탐사를 방해했다. 탐사선에게 모래폭풍은 치명적인 존재였다. 스피리트도 같은 운명을 맞이할 뻔했지만 회오리바람이 불어와 태양 전지판 위 표토를 말끔히 씻어내주었다. 그러자 전력이 90퍼센트 넘게 채워졌다. 하지만 먼지는 언제든 탐사선의 운명을 결정지을 수 있었다. 2010년 스피리트는 바퀴가 부드러운 침전물에 끼면서 운항이 중단되고 말았다. 로봇은 6년 2개월 19일을 생존했다. 기대 수명의 25배를 웃도는 기록이었다. '오피'라는 애칭으로 불린 그의 쌍둥이 형제 오퍼튜니티Opportunity는 훨씬 더 많은 업적을 달성했다. 오퍼튜니티는 먼지 구름이 탐사선에 얼마나 큰 피해를 입힐 수 있는지 정확히 알고 있었다. 놀랍게도 이를 잘 피해 가며 기대 수명을 뛰어넘어 14년 46일 동안 태양 전지판에 의존해 계속 운항했다. 수명이 다하기 전 마지막 전송에서 오퍼튜니티는 줄어드는 전력과 변덕스러운 날씨를 경고하는 자료를 보내왔다. 햇빛이 먼지 폭풍을 뚫고 탐사선을 재충전하기엔 이제 불가능해 보였다. NASA가 오퍼튜니티와 접촉하기 위해 필사적인 노력을 펼치는 동안 '#OppyPhoneHome'이라는 해시태그가 전 세계 트위터에 떠다녔다.

"배터리가 별로 없다. 어두워지고 있다……"

한 작가는 오퍼튜니티의 마지막 전송을 시적으로 노래하기도 했는데, 그 구절을 들은 사람들 몇몇은 (나만 그랬을지 모르지만) 로봇이 남긴 마지막 말에 눈물을 흘리기도 했다.

사람들의 의인화 능력은 끝이 없었다. 오퍼튜니티의 뒤를 이은 큐리오시티^{Curiosity}는 지구를 떠나기 전부터 이미 유명 인사가 되었다. 큐리오시티는 화성으로 떠난 가장 수준 높은 화학 실험실이었지만 오히려 대중의 마음을 사로잡은 것은 로봇의 개성이었다. 큐리오시티는 셀피^{self-portrait}에 능했으며 이따금 감상에 젖은 모습을 트위터에 직접 올리기도 했다. 2013년, 제트추진연구소^{Jet Propulsion Laboratory}의 현명한 프로그래머 덕분에 그는 화성에서의 1주년 삶을 축하하는 '생일 축하곡'을 흥얼거리기도 했다. 오래 살다 보니 과학 소설 팬들이 화성을 가리키며 저곳은 로봇들이 사는 항성이라고 자신 있게 말할 수 있게 되는 날이 오기도 한다. 하지만 로봇들은 초기 우주비행선 패스파인더라는 이름이 시사하듯 인간의 우주 탐사에 앞서갈 뿐 완전히 대체될 수는 없었다. 우주가 품고 있는 비밀은 충분히 매력적이었지만 우주에 우리의 발자취를 넓히려는 원대한 시도는 일부 국가가 주도할 수밖에 없었다.

미국과 러시아가 다른 국가들을 끌어들이면서 우주 개발은 이제 경쟁이 아니라 협력의 양상을 띠게 되었다. 러시아 소유스 우주선과 미국의 우주왕복선은 우주 프로그램이 없는 수십 개 국가의 우주비행사들을 실어 나르는 우주 합승 수단이 되었다. 방식은 거래였지만 협력은 모범적이었고 전 세계에서 가장 인상적인 합작 투자의 선례를 남겼다. 국제우주정거장^{International Space Station}(ISS)은 축구장 크기의 궤도 선회 실험실이자 우주비행사와 미국 항공우주국(NASA), 러시아 연방우주청(Roscosmos), 일본 우주항공연구개발기구(JAXA),

유럽 우주기구(ESA), 캐나다 우주국(CSA), 이 다섯 개 항공 우주국 손님들을 위한 지구 밖 거처가 될 예정이었다. ISS는 최초의 정거장은 아니었지만 가장 생산적인 역할을 했다. 이 덕분에 2000년 11월 2일 이후 태어난 아이들은 인간이 우주에서 생활하거나 일하지 않는 시대를 상상하지 못한다. 이날 처음으로 장기 투숙객이 우주로 이주한 이후, 투숙객이 매번 바뀌기는 했지만 누군가는 늘 지속적으로 머물렀다. 지구 표면으로부터 400킬로미터 떨어진 이곳에서 우주비행사들은 극미 중력을 이용해 수많은 분야의 광범위한 과학 연구를 진행했고 지구에서 누릴 수 있는 혜택과 능력에 관한 온갖 비밀을 파헤쳐 나갔다. 특히 여기에서 파생된 수많은 응용 기술 중 우주정거장에서 찍어 보낸 고해상도 이미지는 지구에서의 재난 구조에도 큰 도움이 되었다. 장기 체류 비행사들이 기록한 생물학적 자료 덕분에 우리는 골밀도 감소와 골다공증 같은 질병을 더 잘 파악하게 되었고, 우주정거장의 원거리 덕분에 로봇 수술과 원격 의료 분야가 급속도로 발전하는 데 기여했다. 이제 ISS는 200명이 넘는 우주비행사가 실험실을 떠다니고 과학 연구가 최우선 과제인 곳이지만 각국의 관계가 팽팽할 때 외교적 가교가 되기도 하고 꿈에 그리던 관광지가 되기도 한다. 그곳은 우리가 우주에 지은 신전이자 우주를 여행하는 종으로서 우리의 역량과 가치를 입증하는 눈부신 업적이다. 체류하는 우주비행사의 존재는 우리가 인류 우주비행에 얼마나 전념하고 있는지 보여주었다. 이는 지구 중력 바깥으로 떠난 우리의 짧은 여행이 이목을 끌기 위한 행동이나 요행이 아니었음을 보여주는 증거였다. 사람들은 밤마다 하늘을 올려다보며 지구 궤도를 선회하는 실험실의 경로를 상상하고 우리가 우리에게 주어진 재능을 얼마나 발휘했는지 감탄했다. 무엇보다 이 정거장은 인류를 지금 이 자리에 있게 한 지난 천 년 동안의 노력의 증거였다.

역사의 경로가 바뀌는 특별한 순간이 있다. 바로 진화의 경로를 직접 그릴 수 있는 종들이 새로운 잠재력을 발휘하게 되는 거대한 도약의 시점들이다. 이 거대한 도약의 순간 중 하나가 300만 년 전 오스트랄로피테쿠스가 직립보행을 통해 화산재에 발자국을 남기면서 시작되었다. 또 다른 도약은 약 20만 년 전 호모 사피엔스가 처음으로 스스로를 종(種)이라 인식한 후 수세기 동안 새로운 대륙에 흔적을 남기며 찾아왔다. 그리고 서기 1969년 호모 사피엔스가 지구를 떠나 달의 먼지에 발자국을 남긴 순간, 또 다른 거대한 도약이 일어났다. 우주를 여행할 수 있게 된 우리가 앞으로 무슨 일을 달성할 수 있을지 기대된다. 몇천 년 후에도 인류가 살아있다면 우주여행은 물론이고 지구 밖에서도 생존할 수 있는 날이 올 것이다. 그 사이 우리는 몇 번의 거대한 도약을 달성할 충분한 가능성을 가지고 있다. 앞으로는 호모 사피엔스가 새로운 행성이나 우주 식민지로 이주하도록 바이오 물류를 개발하는 '적응의 시대'가 찾아오지 않을까 싶다. 우주가 익숙해진 미래의 역사가들은 초기 우주시대를 곱씹으며 요약 정리된 발자취를 보게 될 것이다. 지난 시대들이 그렇듯 인류의 진보는 선형적으로 담아놓은 간략한 요약정리 목차 속에서 세부사항을 누락시킬 것이다. 물론 우주시대로 가는 길이 직선과는 거리가 멀고 모든 일이 세부사항에 달려있다는 사실을 잘 안다. 우리는 이 세부사항을 통해 나아갈 길을 찾고 미래 세대에 영향을 줄 중개인을 찾아야 한다. 더불어 후세대에 성공적으로 바통을 넘겨주려면 언젠가 세부사항을 우주 클리프 노트(학습 참고용 명작 요약 시리즈-옮긴이)에 정리해 두어야 한다. 우리뿐만 아니라 후세대를 위해, 또 다른 위대한 시대를 위해 발판을 마련해야 한다. 이보다 고귀한 목적이 또 있을까. 아폴로 계획이 우주시대에 대한 전 세계의 인식을 바꿔놓았듯 거대한 도약이 이루어지려면 용기와 혁신 외에도 확고한 결단력과 막대한 예산이 필요하다. 인류의 우주비행은 거대한 기술적 난제는 물론이고 경제적인 부분에서도 문제가 지속되는 등 난항이 거듭되었다. 인류가 달에 착륙한 이후 몇십 년이 지났지만 우리는 더 멀리 여행하기는커녕 달에 다시 가보지도 못했다는 좌절감이 커지고 있다. 우리는 다시 일어서야 했다. 다시 한 번 도약할 수 있는 기회가 절실했다. 특정 누군가가 아니라 무수히 많은 이들이 인류의 생존에 이바지하고 있다. 이제 정부에게만 의존해 왔던 예산 문제를 새로운 관점으로 바라봐야 한다. 우주는 가장 부유한 기업가들의 관심을 사로잡았고 그들이 정부로부터 이어받은 바통을 내려놓는 순간, 우주여행의 꿈은 운명을 다하게 될 것이다.

민간 우주비행 시대의 탄생

나는 애초부터 우주 '덕후'는 아니었다. 인간이 우주에서 생활하고 일한다는 사실이 매력적으로 느껴지긴 했지만 한참 후에야 이 분야에서 일하는 이들을 눈여겨보게 되었다. 내가 본격적으로 우주시대에 뛰어들게 된 때는 그로부터도 더 한참이 지나서다. 그래서 지금도 우주복을 입고 우주비행 훈련에 나설 때면, 어릴 적부터 우주비행사의 꿈을 이루기 위해 꼼꼼히 진로를 설계해 나가는 똑똑한 어린이나 평생 자신의 가치와 적성을 입증한 소수에게만 주어지는 자격이 아닐까 하는 내 안의 우려를 잠재워야 한다. 나의 십대는 무슨 직업을 가질지 심사숙고하기보다 자아를 발견하는 일에 집중했다. 중고등학교 시절 내내 '나는 누구인가?'라는 고민만으로 충분히 힘들었기에 당장 진로를 결정해야 하는 압박까지 느끼고 싶지 않았다. 학창시절, 또래들이 넘치는 열정으로 우주 캠프에 참여하는 동안 나는 비디오 게임을 너무 많이 하는 학생으로 뽑혀 지역신문사와 인터뷰를 하고 있었다. 우스꽝스럽지만 당시 나는 직접 인터뷰를 자청한 상황이었다. 기자는 게임기 버튼을 누르는 속도가 남다른 나를 보며 나중에 커서 뭐가 되고 싶은지 물었다. 기자가 놀리는 줄 모르고 나는 잘 풀린다면 언젠가 지역 쇼핑몰에 자리한 전자기기 가게에서 비디오 게임을 팔고 싶다고 진지하게 대답했다. 신문에는 '우등상을 받는 아이라 걱정 안 해요'라는 엄마의 인터뷰가 함께 실렸다. 구체적인 직업적 목표를 세우기까지 몇 년이 더 걸렸지만 우주라는 분야는 떠나지 않고 늘 내 삶 언저리 어딘가에 자리를 차지하고 있었다. 나는 책을 읽고 영화를 보고 비디오 게임을 하다가 성에 차지 않으면 케이프 커내버럴(케네디 우주센터가 위치한 곳-옮긴이)이 완벽하게 보이는 내 방 침대에서 편안하게 직접 수십 명의 우주비행사가 우주를 향해 날아오르는 장면을 바라보곤 했다. 사춘기 시절 내내 우주선이 발사되는 모습을 가까이서 지켜본 경험치는 우주비행을 향한 경외심을 키우는데 확실히 한몫했다. 우주여행은 모름지기 소수의 위대한 인물들만 하는 일이라고 단정짓고 그들이 꿈을 이루는 광경을 지켜보는 것은 21세기를 사는 사람이 누릴 수 있는 근사한 혜택일 뿐이라고 생각했다. 콜롬비아호 사고가 일어나기 전까지 나는 인간이 어떻게 우주까지 도달할 수 있는지 크게 관심이 없었다. 우리가 왜 그 먼 곳까지 가야 하는지 생각해 본 적이 없었다.

사고 발생 전, 나는 친구들과 우주비행사들이 수행했을 연구와 우주에서 하게 될 일상의 잡무, 지켜야 할 개인위생에 대해 가볍게

잡담을 나누었다. 그들이 어떤 음식을 먹을지 어떻게 목욕할지 심지어 어떻게 화장실을 이용할지 이야기를 나누면서도 우주비행사라는 직업을 가진 그들을 나와 같은 평범한 사람이라고 생각하지 않았다. 그로부터 얼마 후 주말 아침, 비극적인 뉴스는 내가 이해하지 못하는 기술적인 세부사항들로 가득했다. 콜롬비아호의 우주비행사들과 가족의 얼굴들이 TV 화면을 가득 메우자 비로소 처음으로 그들이 사람처럼 보였다. 누군가의 남편이자 아내, 아버지이자 딸, 그리고 어머니였다. 이 사실은 한 동안 나를 충격에서 헤어나오지 못하게 만들었다. 엄마가 TV를 껐지만 조지 W. 부시 대통령이 침통해하는 국민들을 향해 한 연설이 이미 내 귓속을 파고든 후였다. 내가 느낀 고통과 혼란을 이해한다는 듯 그는 이렇게 말했다.

"우주비행이 거의 일상이 된 듯한 시대에는 로켓을 타고 이동하는 일의 위험과 지구 외기권을 항해하는 일의 어려움을 간과하기 쉽습니다. 우주비행사들은 고귀한 목적을 위해 기꺼이 이 위험과 맞섰습니다."

우주를 향한 여정은 계속되어야 한다며 연설을 마쳤다. 그 때 이후로 우주여행을 예리한 관점에서 바라보게 되었다. 고귀한 목적과 함께 수반되는 위험을 기꺼이 껴안아야 한다는 점에 매료되었다. 나는 이 임무에 참여하는 이들을 움직이게 한 동기가 무엇인지 알고 싶었다. 우주왕복선의 비행을 가능하게 하기 위해 엄청나게 많은 인력이 투입된다는 사실을 언제 확실히 깨달았는지는 모르겠지만 우주비행사는 빙산의 일각에 불과하다는 사실을 깨닫자 나의 상상력은 무한대로 뻗어나갔다. 수만 명의 사람이 우주 탐사를 위한 기반을 다지기 위해 일생을 바치고 있었다. 결국 나는 우주 전문가가 아닌 호모 사피엔스적 관심으로 이 분야에 뛰어들었다. 내 열정이 활활 타오르기까지는 그 후로 몇 년이 더 걸렸지만 우주비행 분야를 발전시키는 일이 왜 그렇게 고귀한 일인지 보다 적극적으로 알고 싶어졌다.

그 사이 우주 산업 분야에 종사하는 이들은 점차 늘어가고 있었다. 내가 우주 분야에서 인류가 달성한 업적을 파악해 나가는 동안 창의적인 인재들은 이미 우리가 얼마나 더 많은 업적을 이뤄낼 수 있을지 상상하고 있었다. 최종 한계를 극복하는 일은 단순히 흥분되는 일만은 아니었다. 이는 장기적으로 반드시 필요한 일이기도 했다. 기업가들은 우주여행에 관심을 보이며 더 빠르고 저렴하게 우주여행을 할 수 있는 방법을 구상하고 있었다. 내가 비디오 게임을 하고 있는 동안 나의 미래 동료들은 상업 우주비행 산업을 위한 기초를 닦고 있었던 것이다. 물론 보잉The Boeing Company이나 록히드 마틴Lockheed Martin Corporation 그리고 그들의 합작 기업인 유나이티드 론치 얼라이언스United Launch Alliance 같은 대형 항공 우주기업은 이미 오래 전부터 미국의 우주 및 국방 프로그램을 수행하고 있었으며 NASA를 비롯한 기타 정부 기관이 요청한 프로그램을 개발하고 그 과정에서 거액의 정부 계약을 따내고 있었다. 이처럼 유서 깊은 단체들은 세상에서 가장 중요한 업적을 달성하고도 그 과정에서 관료주의적이고 행동이 굼뜨다는 평판을 받기도 했다. 경쟁이 없었기 때문에 그들은 굳이 발사 비용을 낮추거나 위험을 감수하며 새로운 방법을 시도할 필요도 없었다. 그 무렵 실리콘밸리에서는 옛 사업 방식에서 벗어난 새로운 기업들이 부상하기 시작했는데 그들은 비용을 크게 낮추고 모두를 위한 우주여행의 장이 마련될 수 있도록 속도를 높이고 혁신하는 데 전념했다. 대부분 우주여행에 필요한 새로운 기반시설을 만드는 데 초점을 맞췄지만 일부는 기존 시설을 최대한 이용하는 방법을 고민했다.

ISS의 조립이 완성되어갈 무렵 스페이스 어드벤처Space Adventure라는 기업은 이미 민간인 우주여행객을 초대할 수 있는 이 실험실의 잠재력을 간파했다. 민간인 우주여행 아이디어를 생각한 것은 이 기업이 처음은 아니었다. NASA는 이미 전 세계 우주비행사와 미국 기업가 몇 명을 우주선에 실어 보냈다. 사실 '탑승 실험 과학자'는 NASA의 일반적인 우주비행사 선발 과정과는 별개로 훈련받은 사람들을 수용하기 위해 일부러 만든 역할이었다. 이들 덕분에 여전히 제한적이지만 후보군이 확대되었다. 여기에는 협업 국가의 대표자, 정치인, 기업의 통신위성과 함께 비행 임무를 부여 받은 기술자처럼 특정 화물 탑재를 담당할 민간 계약자도 포함되어 있었다. 스페이스 어드벤처 입장에서 ISS는 우주비행 대상을 민간인으로 확장하고 사업이 실행 가능하다는 사실을 입증할 기회임을 의미했다. 이를 성사시키

려면 자체적으로 자금을 조달할 수 있으며 훈련을 견딜 만큼 우주
비행에 관심이 많은 특수한 민간인을 찾아내야 했다.

데니스 티토Dennis Tito는 이 모든 조건을 충족하는 인물이었다. 나
사에서 운영하는 제트추진연구소의 공학자이자 과학자였던 그는 자
신의 수학 지식을 재무 분야에 성공적으로 적용했다. 그는 우주선
궤도에서 시장 위험까지 자신의 분석력을 응용했고 그 과정에서 정
량 분석이라는 재무 분야를 개발하는데 일조했다. 투자 관리 분야
에서 엄청난 성공을 거두었지만 티토는 평생 우주 탐사를 열망했으
며 언젠가 그곳에 직접 가겠다는 꿈을 품고 있었다. 러시아 연방우
주청은 이미 영리 활동에 대해 열의를 보였고, 결국 스페이스 어드
벤처와의 협력 하에 티토를 소유스 우주선에 실어 보내는 2천만 달
러 계약을 체결했다. 60세였던 티토는 지금이 아니면 영영 가지 못
할지도 모른다고 생각했다. 하지만 NASA의 일부 관료들은 모든 일
이 너무 일사천리로 진행된다는 느낌에서 벗어날 수 없었다. 티토는
두 명의 러시아 우주비행사와 거의 1년 동안 러시아 스타 시티에 위
치한 우주비행사 훈련센터에서 훈련을 받았다. 그들이 NASA의 존
슨 우주비행 센터에서 미국식 훈련을 받으려 하자 NASA 직원들은
책임 소재와 안전상의 이유를 들며 티토의 훈련 참가를 거부했다.
NASA와 러시아 연방우주청 간의 의견 차이는 팽팽했다. 미국인들
이 그가 받은 훈련만으로는 미국 사령선을 운전할 수 없을 거라고
우려를 표하자 티토는 부드러운 목소리로 러시아 사령선에 탑승하

겠다고 했다. 2001년 4월, NASA의 우려에도 불구하고 티토는 소유스 TM-32호에 탑승했으며 거의 8일 동안 ISS에 머물며 지구 궤도를 순환하는 가운데 과학 실험을 진행했다. 그의 비행은 민간 우주비행의 분수령이 되었다.

러시아 연방우주청과 협력한 스페이스 어드벤처는 향후 10년 동안 6명의 민간 우주비행사를 궤도에 진입시킬 생각이었다. 데니스 티토와 더불어 기업가 마크 셔틀워스, 그레그 올슨, 아누세흐 안사리Anousheh Ansari, 찰스 시모니, 리처드 게리엇 드 케이욱Richard Garriott de Cayeux, 기 랄리베르테는 모두 우주 탐사를 향한 열정을 품고 있었으며, 자신들의 성공적인 사업을 발판으로 민간인 우주여행 사업을 개척하는 데 기여하고자 했다. 자비 우주여행은 새로운 우주여행 산업의 시작이었다. 그들은 준비 훈련과 업적을 무시해도 좋은 단순한 여행객이 아니었다. 개별적인 과학 및 연구 목표 준비와 더불어 비상조치, 생명 유지 및 공학 시스템, 우주비행과 극미 중력 시뮬레이션 등 800시간에 이르는 방대한 궤도 훈련을 받았다. 모험 관광을 기준으로 본다면 버스를 타고 마추픽추를 둘러보는 것이 아니라 셰르파의 가이드를 받으며 에베레스트 산을 등정하는 것에 가까웠다. 제럴딘 코브가 여성 우주비행사의 역량을 증언하러 소환됐을 때처럼 데니스 티토는 민간인들을 대신해 증언하도록 요청받았다. 민간 우주비행에 관한 합동 공청회에서 그는 훈련 덕분에 우주비행 준비를 잘 마칠 수 있었다고 강조하며 과학 연구와 영감을 위한 플랫폼으로서 ISS의 능력을 칭송했다. 그는 민간인이 미국의 우주비행 프로그램을 경험할 역량이 충분하다는 사실을 보여주었으며 민간인 우주비행에 내재된 가치도 납득시키고 싶어했다.

"8일 동안 무중력 상태로 있던 경험을 온전히 전달하기란 쉽지 않습니다. 다시 한 번 말하는데 저는 기업인입니다. 시인, 작가, 음악가, 작곡가, 교사, 영화제작자, 화가, 기자를 비롯한 기타 창의적인 사람들이 우주비행의 아름다움과 영감을 얼마나 잘 전달할지 상상해 보기 바랍니다."

물론 누구나 우주여행에 필요한 2천만 달러라는 여유 자금이 있는 것은 아니다. 평범한 사람들도 우주여행을 즐기기 위해선 비용을 낮춰야 한다. 그리고 비용을 낮추는 가장 확실한 방법은 로켓 재사용이다. 우주선을 발사하는데 필요한 값비싼 로켓은 매번 비행 후 폐기하고 다시 만드는 일회용으로 설계되었다. 부분적으로 재활용이 가능한 우주선이 도입된 적이 있었지만 정교한 시스템이 필요한데다 비행이 한 번 끝나고 다음 번 비행이 있기까지 재정비하는 비용이 만만치 않아 한 번 쓰고 버리는 로켓보다도 더 많은 비용이 들었다. 민간 우주비행 산업이 해결해야 할 문제였다.

기업가 피터 디아만디스^{Peter Diamandis}가 가장 염두하고 있던 부분이 바로 이 재사용 가능성이었다. 1990년대 말, 그는 상금이 혁신에 불을 붙이는 시동액으로 작용한다는 사실을 깨달았다. 75년 전 호텔 경영자 레이먼드 오티그는 비행사가 대서양 위를 날도록 장려하기 위해 2만 5천 달러를 내놓은 적이 있다. 상금은 찰스 린드버그와 그의 스프릿 오브 세인트루이스호에게 돌아갔다. 당시의 성공을 떠올린 디아만디스는 X프라이즈를 고안해냈다. 2주 이내의 간격을 두고 연달아 우주를 방문하는 민간 기업에게 천만 달러가 상금으로 주어질 예정이었다. 두 번의 연이은 비행은 발사 비용을 낮추는 데 필요한 혁신을 입증하고, 정부 자금 지원을 금지하는 규칙은 영리 사업이 가능한 비즈니스 모델을 제시할 것이다. 아누세흐 안사리와 그의 시동생인 아미르는 민간인과 과학자에게 우주비행의 문을 폭넓게 개방한다는 목표에 크게 공감했다. 아누세흐가 스페이스 어드벤처를 통해 우주비행에 나서기 전, 두 사람은 이 대회를 후원하기로 했다. 그리하여 이 대회의 공식적인 이름은 '안사리 X프라이즈[Ansari X Prize Program]'가 되었다. 민간 산업이 미래의 관광 산업 시장을 수용할 우주선 제작 능력을 입증하는 것이 이 대회의 목표였다. 우주비행 산업에 혁신을 가져올 이 같은 기회에 다른 기업가들도 관심을 보였다. 항공 분야의 독불장군이자 스케일드 컴포지트[Scaled Composite]의 창립자, 버트 루탄[Elbert L. Burt Rutan]은 화이트 나이트[White Knight]라는 제트엔진 모선의 도움으로 발사될 재사용 우주선 스페이스십 I[Space Ship One]을 설계했다. 대담한 계획에는 대담한 투자가 필요했으니 루탄에게 자금을 지원한 사람은 다름 아닌 마이크로소프트 공동창업자 폴 앨런[Paul Gardner Allen]이었다. 스페이스십 I은 궤도를 벗어난 유인 우주 여행에 필요한 모든 조건을 갖추었고 규제 기관은 이를 따라잡기 위해 속도를 높였다.

그리하여 2004년 6월, 캘리포니아의 모하비 공항은 미국 연방항공청Federal Aviation Administration으로부터 우주발사 면허를 발급받았다. 며칠 후 시험 비행 조종사 마이크 멜빌Mike Melvill은 스페이스십 I을 타고 하늘로 날아오르면서 민간 우주선을 탄 최초의 민간 우주비행사가 되었고, 이 장면을 목격하기 위해 새로운 이름으로 재탄생한 모하비 항공 우주기지로 수천 명의 관중이 모여들었다. 성공적인 시험 비행은 고무적이었고 불과 몇 달 만에 이 팀은 안사리 X프라이즈에 도전할 준비를 마쳤다. 같은 해 9월 말, 마이크 멜빌은 다시 한 번 우주선을 타고 연이은 두 비행 중 첫 비행을 완수했다. 며칠 후인 10월 4일, 조종사 브라이언 비니Brian Binnie는 스페이스십 I을 몰고 두 번째 비행에 나서며 역사에 남을 순간과 천만 달러의 상금을 거머쥐었다. 어느 면으로 보나 안사리 X프라이즈는 대성공이었다. 민간 산업의 능력을 입증했을 뿐만 아니라 전 세계에서 20개가 넘는 팀의 참여를 이끌어냈고 재사용 가능한 준궤도 비행 기술에 수천만 달러가 투자되는 데 기여했다. 게다가 이 대회 덕분에 흥분한 대중을 상대로 한 시장이 존재한다는 사실이 증명되었다. 이들 중 상당수는 우주비행이라는 개인적인 꿈에 다시 불을 지폈으며 죽기 전에 이 목표를 달성할 수 있을지도 모른다는 사실을 처음으로 깨달았다.

스페이스십 I의 역사적인 비행에 리처드 브랜슨 경 역시 관심을 보였다. 대담한 브랜드 포트폴리오와 창의적인 사업 전략으로 유명한 그는 이 사업의 잠재력을 간파해 버진 그룹 내에 새로운 기업, 버진 갤럭틱Virgin Galactic을 설립했다. 버진 갤럭틱은 우주 관광 비행을 제공하고 스페이스십 I의 기술을 바탕으로 모두에게 우주를 개방할 새로운 산업의 선봉에 나설 참이었다. 버진 갤럭틱은 버트 루탄과 폴 앨런 팀과 협력해 스페이스십 컴퍼니Spaceship Company를 설립해 차세대 상업용 우주선을 제작할 생각이었다. 브랜슨은 우주 관광 시장이 존재한다는 디아만디스의 생각이 옳았음을 입증해주었다. 버진 갤럭틱은 재사용 가능한 우주선을 이용해 우주여행 비용을 대폭 줄이려고 했고, 20만 달러만 있으면 누구나 우주로 향하는 90분의 비행을 누릴 수 있는 상품을 내놓았다. 반응은 폭발적이었다. 스페이스십 I이 안사리 X프라이즈의 상금을 거머쥔 날, 브라이언 비니는 우주로 여행하는 435번째 사람이 되었다. 그로부터 몇 년 후 500명이 넘는 사람이 브랜슨의 준궤도 우주선에 탑승했다. 엄청난 승차권 판매량은 상업 우주비행 산업에 내재된 힘을 보여주었다. 버진 갤럭틱 같은 기업이 본격적으로 상업적인 운영을 시작하면 우주로 향하는 인류의 수가 두 배가 될 수 있었다.

하늘 너머를 바라본 억만장자가 물론 폴 앨런과 리처드 브랜슨뿐만은 아니었다. 브랜슨이 우주 관광에 매진했다면 페이팔 공동창립자인 일론 머스크Elon Musk는 인간을 그곳에 머물게 하는 데 초점을 맞췄다. 그는 오래 전부터 붉은 행성에 관심이 있었다. NASA가 인류를 화성에 보낼 구체적인 계획을 내놓지 않음에 적잖이 실망한 머스크는 직접 이 문제를 해결하기로 했고, 대중이 우주여행에 다시 관심을 갖게 될지도 모르는 미션을 고안해냈다. 그는 러시아의 저렴한 잉여 로켓을 확보할 수 있다면 그 로켓들을 개조해 쥐 군락이나 식물로 가득한 온실을 화성에 보낼 수 있을 거라 생각했다. 러시아에 갔다가 낙심하고 돌아온 머스크는 직접, 그것도 훨씬 합리적으로 로켓을 만들 수 있겠다고 판단했다. 태양계에 우리의 발자국을 남기려면 재사용이 가능하고 믿을 만한 거대 로켓이 필요했다. 몇 달 후 이 작업을 위해 우주 탐사 기술 기업인 스페이스X^{Space Exposion Technology Corp.}가 설립되었다. 생명체를 화성으로 실어 나를 재사용 가능한 로켓을 만든다는 장기적인 계획을 염두에 두고 머스크는 자신의 비전과 직업관을 공유한 뛰어난 공학자 팀을 소집했다. 그는 처음부터 과감한 목표를 세웠다. 화성에 가기 전, 먼저 스페이스X의 액체 연료 로켓으로 저궤도 진입에 성공해야 했다. 비용이 많이 들고 성공 여부 역시 장담할 수 없었지만 만약 이 계획이 성공한다면 우주비행 산업에 일대 혁명을 불러일으킬 터였다. 스페이스X는 영화 〈스타워즈〉에 등장한 '밀레니엄 팰컨'의 이름을 딴 우주선 팰컨 1호의 제작에 착수했으며 머지않아 불가능한 비전이라고 비판한 회의론자들을 향해 보란 듯이 〈Puff the Magic Dragon〉이라는 기발한 노래에 경의를 표하는 차원에서 드래곤이라는 이름을 붙여 우주선을 만들었다.

버진 갤럭틱과 스페이스X가 언론에서 선풍을 일으키는 동안 뇨 다른 억만장자의 후원을 받는 기업이 조용히 자체 우주 발사체와 로켓 추진 시스템을 제작하고 있었다. 아마존 창립자 제프 베조스Jeff Bezos는 고등학교 때부터 우주여행을 꿈꿨으며 졸업생 대표로 선정된 뒤 지역 신문에서 이 같은 야망을 밝히기도 했다. 1982년《마이애미 해럴드》와의 인터뷰에서 십대였던 베조스는 지구 행성을 보존하기 위한 자신의 계획을 밝히며 언젠가 지구 궤도에 거주할 수백만 명의 사람들을 수용할 식민지에 대해 설명했다. 그로부터 18년 후, 그는 성공적인 IPOInitial Public Offering로 아마존을 이끌고 포브스지가 선정한 세계 억만장자 명단에 이름을 올렸다. 그는 이제 마음이 향하는 곳에 돈을 투자할 준비가 되어 있었다. 이번에 베조스는 자신의 계획을 구체적으로 밝히지 않았다. 스페이스X와 버진 갤럭틱처럼 블루 오리진Blue Origin도 재활용 가능한 로켓 공학을 이용해 우주 개척에 나설 생각이었지만, 진척 상황은 극비에 부쳤다. 블루 오리진은 암암리에 진행했고, 팬과 기자들은 미국 최초의 우주비행사를 기리기 위해 뉴 셰퍼드라는 이름을 붙인 우주발사체의 진행 사항을 파악하기 위해 공식 기록을 샅샅이 뒤지고 소문에 바짝 귀를 기울였다. 민간 분야에서 새로운 우주 개발 경쟁이 일어나고 있었지만 블루 오리진은 눈에 띄는 선두 기업은 아니었다. 대중에게 공개한 거라고는 기업의 로고 정도였는데 이 로고는 많은 뜻을 담고 있었다. 두 마리의 거북이와 라틴어로 '한 걸음씩 맹렬하게'라는 뜻의 'Gradatim Ferociter'라는 모토가 그려진 문장은 우주비행을 향한 그들의 점진적인 태도를 시사했다.

억만장자의 후원이 큰 도움이 되기는 했지만 우주 산업에 진출하는 것 자체는 그리 어려운 일이 아니다. 캘리포니아 모하비 사막의 비그늘(산으로 막혀 강수량이 적은 지역-옮긴이)에서는 다양한 로켓 정원이 번성하고 있었고, 21세기가 되면서 모하비 항공 우주기지는 본격적인 우주 르네상스 시대를 위한 본거지가 되었다. 이 우주기지 입구에는 로터리 로켓Rotary Rocket이라는 이제는 사라진 기업이 만든 거대한 시험 로켓이 전시되어 있다. 영원히 지상에 놓여 있는 이 시험 로켓은 누군가에게 영감의 근원이 되었고, 또다른 누군가에게는 우주 산업에 내재된 예측 불가능성을 보여주는 경고로 작용했다. 모하비 항공 우주기지는 스케일드 컴포지트, 스페이스십 컴퍼니, 버진 갤럭틱 외에도 2000년대 초 민간 자본으로 운영된 수많은 우주 기업의 터전이 되었다. 아르마딜로 에어로스페이스Armadillo Aerospace 같은 기업은 안사리 X프라이즈의 상금을 거머쥐기 위해 경쟁했으며 기술에 더 많은 투자를 했다. 텅 빈 사막은 위험한 로켓과 엔진 실험을 하기에 더 없이 완벽한 환경이었다. 엑스코어 에어로스페이스XCOR Aerospace 역시 우주 관광을 지원하기 위해 저궤도 우주선을 만드는 데 매진했다. 그들이 만든 EZ-로켓은 민간에서 제작된 최초의 로켓 동력 우주선으로 미래 설계에 반영할 추진 기술을 실험하기 위한 맞춤 플랫폼이었다. 사람보다는 기술을 실어 나르겠다는 포부를 품고 있는 기업들도 있었다. 이를 위해 마스텐 스페이스 시스템즈^{Masten Space Systems}는 기술 시험대이자 로봇 착륙선, 연구 플랫폼이 될 일련의 수직 이착륙 로켓을 개발했다. 민간 우주 기업들은 모하비 사막에서 벌어지는 온갖 실험과 음속 폭음[4]을 넘어 미국 전역으로 퍼져나가고 있었다. 비글로우 에어로스페이스^{Bigelow Aerospace}는 라스베이거스에서 팽창식 우주 거주지를 설계하고, UP 에어로스페이스^{UP Aerospace}는 세계 최초로 계획 설계된 민간 우주 공항인 뉴멕시코의 스페이스포트 아메리카^{Spaceport America}에서 관측 로켓^{Sounding Rocket}을 발사했다. 이 기업들이 전부 끝까지 살아남지는 못했지만 미국 정부는 그들의 활동을 전부 주목했다.

민간 우주 산업이 성장하는 동안 NASA의 우주왕복선 프로그램은 규모가 축소되고 있었다. 30년을 계획한 프로그램이 시효를 다하고 나면, 미국은 자국 땅에서 우주비행사와 화물을 ISS로 직접 쏘아 올리는 대신 러시아 우주선의 탑승권을 구입해야 했다. 미국 정부의 대안은 요원했고, NASA는 간극을 메우기 위해 당장의 해결책을 찾아야 했다.

민간 우주비행 산업의 부상에 힘입어 NASA는 독창적인 방법을 구상했다. 몇 년 동안 저궤도 비행의 유일한 주체였던 NASA는 민간 기업이 궤도 운송 시장을 부양하도록 도운 뒤 이 기업들을 고용

---

4) 초음속 항공기의 비행에 의해 발생하는 폭발음 비슷한 굉음

해 국제우주정거장으로 화물을 실어 나르면 된다는 것을 깨달았다. 민간 시장이 활성화되면 NASA는 심우주 탐사 목표에 필요한 예산을 확보할 수 있으며 미국이 해외 우주선에만 온전히 의존해야 하는 시급한 문제를 해결할 수 있었다. NASA는 상금을 제안하지는 않았지만 확실한 경쟁을 유발했다. 그들은 상업용 궤도 운송 서비스 Commercial Orbital Transportation Services(COTS) 프로그램을 이용해 지식을 공유하고, 국제우주정거장으로 사람과 물자를 운송할 궤도 로켓을 만들 수 있는 능력을 갖춘 민간 기업에 자금을 투자했다. 하지만 이 경쟁에는 한 가지 관문이 있었으니 기업들은 로켓을 제작하는 데 필요한 민간 자금을 조달할 수 있는지 먼저 입증해야 했다. 20개가 넘는 기업이 제안서를 제출하고 거절당했지만, 스페이스X와 오비탈 사이언스 코퍼레이션Orbital Sciences Corporation은 결국 수억 달러짜리 COTS 계약을 따낼 수 있었다. 우주왕복선의 은퇴가 다가오고 있었기에 그들은 적임자였다. 2008년이 되자 스페이스X는 진척을 보이며 본격적으로 약속을 이행하기 시작했다. 수개월 동안 예산을 소진해가며 발사 실패를 거듭한 끝에 스페이스X는 마침내 그동안 국가만의 업적이었던 성과를 이뤄냈다. 팰컨1호는 민간 분야에서 최초로 개발한 지구 궤도를 선회할 액체 연료 추진 로켓이었다. 스페이스X는 한 번 더 로켓을 띄워 이번에는 인공위성을 궤도로 발사해 그 전의 업적이 요행이 아니었음을 입증했다. 스페이스X가 그 동안 펼친 힘겨운 노력이 드디어 큰 결실을 보게 되는 순간이었다. 민간 로켓 개발이 옳은 선택이었음을 입증한 NASA는 이 기업들과 계약을 하고, 우주정거장으로 화물을 운송하기 위해 스페이스X와 오비탈 사이언스에게 35억 달러씩을 나눠서 투자했다. NASA는 민간 산업과의 합작을 통해 새로운 우주비행 시대의 도래를 알렸다.

2000년대 초는 우주 산업의 르네상스였다. 민간 유인 우주비행을 실현할 새로운 방법을 고안하기 위해 대범한 혁신과 창의력이 넘쳐났다. 하지만 곧 깨우침의 시간이 찾아왔다. 기업들은 정부 단체와 규제 기관의 애매한 경계에서 어떻게 해야 자신들의 목표를 달성할 수 있을지 파악해야 했다. 민간 우주 분야는 엄청난 투자를 끌어냈지만 불분명한 규제사항 때문에 기업의 수익은 곤두박질칠 수 있었으며 애초에 수익을 낼 수조차 없었다. 미국 연방항공청의 상업우주 수송국은 오래 전부터 로켓 발사 면허를 발급하는 기관이었지만, 스페이스십 I 같은 재활용 가능한 준궤도 발사 로켓은 새로운 유형이었다. 이 로켓은 미국 연방항공청의 로켓 발사 부서의 기준에 맞지 않았지만 그렇다고 시험 로켓을 보다 오래된 상업 항공기 부서로 분류할 수도 없었다. 업계가 합심하여 노력한 끝에 의회는 법 개정의 필요성을 인정하고 2004년 스페이스십 I 같은 개발 시험 로켓을 위한 새로운 연방항공청 실험 허가 절차를 마련했다.

합리적인 발사 면허를 발부하기 위한 기틀이 잡혔지만 해결해야 할 세부사항이 여전히 많았다. 미국이 민간 유인 우주비행 기술을 발전시키려면 규제도 함께 고쳐나갈 뿐 아니라 민간 우주 기업은 자체 목소리를 높이는 데 협력해야 했다. 산업 협회는 집단의 목소리를 전하기 위한 완벽한 포럼을 제공했고, 2005년 우주비행 연합Personal Spaceflight Federation(PSF)이 처음으로 소집되었다. 주요 상업용 우주선 개발자, 운영자, 우주 항공사는 민간 유인 우주비행과 관련된 수많은 규제를 둘러싼 의견을 연방항공청에 전달했다. 스페이스X, 스케일드 컴포지트, 스페이스 어드벤처, 아르마딜로 에어로스페이스, X프라이즈 파운데이션, 엑스코어 에어로스페이스, 버진 갤럭틱, 모하비 항공우주기지 같은 회원사는 집단 경험을 바탕으로 실험 허가 하에 운영되는 로켓의 안전과 책임, 보험과 관련된 합리적인 규제 정책에 합의했다. 늘 안전이 최우선이지만 실험 비행을 개발하고 시험하는 데에는 어느 정도의 유연성이 필요했다. 다양한 회원사가 단일한 사안에 동의한 것은 인상적인 일이었다. 규제 개혁이라는 공동의 목표로 PSF는 수십 개의 권고사항에 합의했고, 이는 민간 우주 산업 내 강하고 통일된 목소리가 단단하게 뿌리내리는 계기가 되었다.

2009년 이후부터 민간 우주 산업은 기하급수적으로 성장했고 더 많은 기업과 단체가 참여했다. 유인 우주비행을 지지하는 기업의 다양성을 인식한 PSF는 민간 우주비행 연합Commercial Spaceflight Federation(CSF)이라는 이름으로 재탄생했다. 그리하여 이 단체는 첨단 기술 일자리를 창조하고 우주 관광, 궤도 운송, 국가 보안 프로그램 같은 새로운 시장에 수십억 달러의 자금을 투자한 기업 생태계의 주요 무역 기구로 자리매김했다. CSF는 2010년대 말까지 성장을 거듭했고 회원사들은 예상보다 훨씬 더 뛰어난 성과를 달성했다. 비글로 에어로스페이스는 팽창식 우주거주지 2개를 궤도로 쏘아 올렸고, 버진 갤럭틱은 스페이스십 II(별칭 VSS 엔터프라이즈)와 모선 화이트나이트 II(별칭 이브)를 실험했으며, 마스텐 스페이스 시스템즈는 재활용 가능한 수직 이착륙 로켓으로 안정적이고 통제 가능한 비행을 입증하며 수백만 달러가 넘는 상금을 거머쥐었다. X프라이즈 재단과 구글은 자기 자본으로 달 표면에 로봇을 착륙시키려는 이들을 장려하는 차원에서 3천만 달러에 달하는 구글 루나 X프라이즈에 착수했으며 스페이스X의 드래곤 우주선은 국제우주정거장에 성공적으로 도킹할 최초의 상업 우주선이 되기 위한 길을 차근차근 밟아나갔다. 화물(궁극적으로는 사람)을 저궤도로 운송할 자신들의 역량을 입증하는 과정이었다.

민간 우주 분야의 능력이 오래된 방위 산업체를 따라잡거나 능가하면서 주요 뉴스 기사들은 이 마찰을 새로운 우주와 옛 우주 간의 충돌로 묘사하곤 했다. 언론은 민간 우주 산업이 생활의 일부로 자리 잡을 거라고 예상했다. 드디어 그 순간이 찾아왔다. 2010년 말, 우주왕복선 프로그램은 은퇴를 몇 달 앞두고 있었고, 나는 졸업을 몇 달 앞둔 비공학자로서 세상에서 가장 흥미로운 산업에 어떤 기여를 할 수 있을지 고심하고 있었다.

우주를 알리는
미디어 전문가가 되다

졸업 후 나는 곧바로 우주 산업에 뛰어들지 않았다. 하지만 남들과 다른 길을 돌고 돌아 일단 이곳에 발을 들여놓자 오히려 유일무이한 나의 경험이 이 산업에 기여할 수 있음을 직감했다. 사람들은 내가 우주 공학이 아닌 영화를 전공했다고 하면 깜짝 놀란다. 특히 대학 전공을 선택하기 전 조언을 얻거나 고등학교를 졸업하고 이 분야에서 차근차근 경력을 밟아가고픈 꿈을 안고 찾아오는 학생들에게는 매우 실망스러운 모양이다. 다양한 교양 과목과 함께 공학 분야를 공부했던 몇 년 사이 내가 느낀 점이 있다면 예술과 과학은 서로 너무 다르지만 또 그렇기에 서로 배울 점이 아주 많다는 사실이다. 나는 종종 스스로에게 질문을 던지곤 한다. 지금 내가 공부한 지식을 그대로 가지고 과거로 돌아갈 수 있다면 나는 과연 공학을 전공으로 선택할까? 그렇게 된다면 보다 많은 지식과 자격을 갖춘 상태로 우주 산업 분야에 뛰어들 수 있다. 하지만 언제나 나의 선택은 '아니오'다.

순진한 생각이었겠지만 대학 시절 나는 학부 때 공부한 과목이 궁극적으로 택할 직업과는 전혀 관련이 없을 수 있고, 또 그래야 한다고 믿었다. 생소한 과목을 알아간다는 생각에 신이 난 나는 설레는 마음으로 바너드 칼리지와 콜롬비아 대학교에서 제공하는 다양한 과목들을 수강했다. 시행착오를 거듭하며 새로운 관심 분야에 도전하고 포기하기를 반복했다. 대단히 흥미로운 인류학 세미나를 듣는 동시에 선택과목으로 스파게티 웨스턴 장르를 공부하고, 시나리오 작법 수업을 들었다. 또, 언어 필수과목으로 줄루어를 선택하기도 했다. 반투 족이 사용하는 흡착음이 포함된 줄루어를 공부하면서 나라는 사람은 관심 밖 영역도 배우고 즐길 줄 안다는 사실을 깨달았다. 내가 선택하는 것들은 대부분 결과를 예측할 수 없을 뿐아니라 다른 이들에겐 쓸데없고 소모적인 일처럼 보이기도 했다. 하지만 대학생활은 졸업 후 진로나 대학원 전공을 선택하기 전까지 나의 관심 분야를 전부 살피고 시도까지 해볼 수 있는 흔치않은 기회였다. 그중에서 영화가 가진 구체적인 스토리텔링의 힘은 나의 관심 분야 중 하나였는데, 이 힘이 나를 어디로 이끌지 늘 기대되곤 했다. 영화를 부전공으로만 선택할 수 있는 콜롬비아 대학교에서 영문학과에 다니며 수강 가능한 선택 과목을 모조리 들은 나는 뉴욕 대학교 티시 예술 대학The Tisch School of the Arts으로 편입했다. 그곳에서 나는 훨씬 방대한 분야의 수업을 들을 수 있었다.

영화 촬영과 연출을 공부했지만 나를 매료시킨 점은 세월이 흘러도 변치 않는 스토리텔링이었다. 나는 청중의 관심을 받는 것은 어마어마한 경험이며 그들을 사로잡는 능력이야말로 엄청난 재능임을 깨달았다. 상대방에게 동기를 부여하고 영감을 불어넣는 의사소통 능력은 내가 지금까지와는 다른 렌즈를 통해 세상을 바라보도록 만들었다. 몇 차례의 인턴 자리를 경험하면서 나는 영화와 TV 산업을 알게 되었는데 제작 개발 분야도 흥미로웠지만 개인적으로는 언론과 커뮤니케이션 분야에 더 관심이 갔다. 유명한 영화 스튜디오에서 임시 안내데스크 접수원으로 일하며 커피를 나르던 나는 영화를 인수하거나 수상 후보와 관련된 언론 보도를 빠르고 능숙하게 작성한다는 평가를 듣게 되었다. 얼마 안 가 나는 영화 관련 언론 행사에 참여하게 되었고 혼자서 이 일을 진행하게 되었다. 영화제작은 잘 몰랐지만 대중의 열광적인 반응을 이끌어낼 만한 영상은 연출할 수 있었다. 영화라는 산업이 예술적이기보다는 기능적이라는 사실에 다소 놀라고 실망하기는 했지만, 결과물을 만들고 무대 뒤에서 마술을 일으키는 나의 능력은 탁월했다. 나는 그곳에서 온갖 지식을 흡수하며 일을 즐겼다. 나의 재능을 알아 본 회사에서 다음 해에도 함께하자는 제안했고 스토리텔링과 인간관계에 관심이 많던 내가 연예산업 경력을 쌓는 게 뭔가 그림이 맞지 않는다는 생각이 들었음에도 불구하고 나는 승낙했다. 물론 영화계에서 쌓은 경력은 손해가 아니었다. 나는 인생에서 이 거대 산업을 경험할 수 있었던 기회를 정말 감사하게 생각한다. 이듬해는 나에게 가장 값진 해였다.

재능을 인정받고 안정적으로 일할 수 있는 그곳을 정리하면서 나는 이제 다시는 올 수 없는 삶의 한 페이지를 위해 마지막 한 톨까지 흡수하고 싶었다. 앞으로 내가 가질 직업과 관련 없는 산업에서 학위를 땄지만 나에게 도움이 될 거라는 생각에는 변함이 없었다. 확실해지기 위해선 전부를 걸어야만 직성이 풀리는 나는 무엇을 하기 싫은지 정확히 하고 싶은 일이 무엇인지 확고해져야 그 일에 전념할 수 있음을 깨달았다. 이제 그 일이 무엇인지 알아내는 일만 남아있었다.

졸업 직후, 우주왕복선 아틀란티스가 지구에 영원히 안착하였고 30년 동안 이어온 우주 왕복 프로그램이 막을 내린다는 충격적인 소식을 들었다. 분명 오랜 기간에 걸쳐 서서히 일어난 일이었겠지만, 늘 우주왕복선이 발사되는 모습을 함께했던 나의 유년시절도 막을 내리는 것 같아 아쉬웠다. 게다가 이는 국가 차원에서 끔찍한 후퇴처럼 느껴지기도 했다. 당시 아틀란티스가 마지막으로 착륙한 후에 미국 정부가 NASA에서 손을 뗀다는 소식은 민간 우주비행 산업이라는 분야가 생소한 내게는 미국 땅에서 우주비행사를 우주로 보낼 능력을 포기한 듯 보였다. 우주 탐사를 향한 전 세계 사람들의 열망도 함께 시들해지는 기분이었다. 하지만 지구 반대편에서는 NASA의 브랜드가 강력한 영향을 미치고 있었다. 여전히 영화 연출 학위에 버리지 못했던 나는 졸업 후 좀 더 넓은 세상에서 시야를 넓히고 싶어 지구의 오지를 찾아 떠났다. 지극히 뻔한 길을 가지 않겠다는 나만의 인류학적 모험의 일환이었다. 나는 킬리만자로 산 정상에서 녹고 있는 빙하를 추적하고, 폭포를 헤치며 라오스의 소수민족이 살고 있는 흐몽 마을을 찾아헤맸다. 미얀마에서 목이 긴 카얀족을 만나 놋쇠 고리를 나의 목에 감아보기도 했다. 새로운 관점에서 세상을 바라보고 싶었던 나는 계속해서 새로운 환경을 탐사하고 우리와는 전혀 다른 환경에서 살고 있는 이들을 만났다. 여행을 떠나기 전에는 미국에서 운영하는 항공우주국을 지구촌 곳곳에서 만나게 될 거라고 상상도 하지 못했다. 그런데 탄자니아부터 태국까지 내가 가는 곳마다 NASA 티셔츠를 입은 사람들을 보게 되었고, 결국 사람들 사이에서 익숙한 파란색 로고를 찾는 게임까지 하게 되었다. NASA 로고에 대한 흥분과 호기심은 모든 국경을 초월했다. 우주 탐사라는 NASA의 담대한 목표는 사람들을 태양계 내 저 멀리까지 보냈을 뿐만 아니라 이곳 지구에 사는 우리를 하나로 연결하고 있었다. 미국의 항공우주국이 추구하는 목표와 기관이 가져다주는 혜택이 전 지구적이라는 사실이 새삼 느껴졌다. 지구라는 세상을 깨닫고자 떠난 여행길에서 우주를 발견했던 것이다.

뉴욕으로 돌아온 나는 곧바로 탐험가 클럽The Expolorers Club에서 나와 관심사가 비슷한 사람들을 찾기 시작했다. 탐험가 클럽은 백 년 된 과학 협회다. 초기 회원들은 '유명한 최초 인물 시리즈'의 일환으로 자신들이 가는 곳마다 이 클럽의 깃발을 꽂는 것으로 유명하다. 그들은 최초의 원정대로서 북극, 남극, 에베레스트 정상은 물론 깊은 바다 속, 달 표면에 이르기까지 자신들이 가는 곳이면 어디든 탐험가 클럽의 깃발을 꽂았다. 탐험가 클럽 연례 만찬Explorers Club Annual Dinner은 탐험에 인생을 바치며 한계를 초월한 사람들을 축하하는 자리로 탐사계의 오스카라 불린다. 나는 이곳에서 처음으로 우주 산업 분야의 멘토가 되어 준 레티샤와 리처드 부부를 만났다. 한때 비디오 게임광이었던 나는 연회장 건너편에 있는 리처드를 단번에 알아보았다. 나에게 그는 리처드가 아니라 비디오 게임 '울티마'에 나오는 브리타니아의 지배자인 '브리티시경卿'으로 보였다. 보자마자 나는 고고학자, 등반가, 해양학자를 건너뛰고 그에게 향했다. 비디오 게임 개발자를 직접 본 나는 너무 흥분한 나머지 그가 자신의 이름이 새겨진 우주복 앞에 서 있다는 사실을 전혀 알아채지 못했다. 울티마의 팬은 나뿐 만이 아니다. 울티마 시리즈가 진화를 거듭하면서 브리티시경은 내가 청소년 시절 바친 게임에 'MMORPG'5)라는 근사한 용어를 붙여주었다. 그는 비디오 게임 개발자이자 기업가로서의 성공적인 경력 덕분에 NASA 우주비행사였던 아버지 오웬 게리엇Owen Garriott의 뒤를 이어 우주비행이라는 꿈을 이뤄가고 있었다. 리처드는 스페이스 어드벤처Space Adventures의 첫 우주 관광객으로 2008년 자비로 국제우주정거장에 갔다가 지구로 돌아오면서 미국 최초 2세대 우주비행사가 되었다. 레티샤 역시 우주에 문외한이 아니었다. 불과 몇 년 전 빔 추진력 개발 기업을 공동 창립한 그는 하버드 경영대학

---

5) Massive Multiplayer Online Role Playing Game 다중 접속 역할 수행 게임

원 졸업생이자 성공적인 기업가였으며 최연소로 중성 부력 훈련(우주 유영을 체험하기 위해 전신 우주복을 입은 채 하는 수중 훈련)을 완수한 사람이었다. 운명을 믿지는 않지만 내가 1,500명의 사람들로 가득찬 만찬장에서 리처드 부부와 같은 테이블에 앉은 건 놀라운 우연이었다. 나는 몇 시간 동안 그들에게 우주 탐사에 관한 질문을 쏟아부었고 그들의 침착한 답변을 통해 그제야 민간 우주 산업이 지닌 막대한 영향력을 확실히 이해하게 되었다. 저녁 식사를 마칠 무렵, 나는 흥미로운 목표를 세워가고 있었다. 성공적인 경력 뒤에는 늘 한 무리의 멘토와 후원자가 있기 마련이다. 멘토는 우리가 원하는 여정에 거쳐야 할 문으로 안내하며 후원자는 그 문을 열어준다. 레티샤와 리처드는 나의 멘토이자 후원자였다. 그들은 내 안의 넘쳐나는 호기심과 엄격한 직업의식을 감지했고, 그 후로도 수년 동안 나는 그들의 기대에 부응하기 위한 노력을 아끼지 않았다.

탐험가 클럽 연례 만찬에 참석 후 나는 몇 주 동안 유인 우주비행 분야가 지난 10년 동안 이뤄낸 업적들을 공부했다. 우주왕복선 프로그램의 종료는 NASA의 종말을 의미하는 것이 아니었다. 오히려 공공과 민간이 손을 잡은 덕분에 2010년대는 유인 우주비행에서 가장 흥미로운 10년이 될 것이다. 개척자를 향한 문이 닫히기는커녕 여전히 활짝 열려 있었고, 나는 마침내 하고 싶은 일을 찾게 되었다. 수차례의 티타임과 점심식사 자리를 통해 나는 리처드와 레티샤에게 급성장하는 민간 우주비행 산업에 관한 질문 세례를 쏟아냈다.

내가 그곳에 참여하고 싶은 강렬한 욕망과 어떤 식으로든 기여하고 싶다는 의지를 표현하자 레티샤는 그들이 오랫동안 지지해온 단체와 훗날 인류의 거대한 도약에 앞장서는 무역 기관들에 나를 소개해 주자고 리처드에게 제안했다. 그리고 그는 신산업이 성장하는 데 우주 정책과 커뮤니케이션이 얼마나 중요한지 그 역할에 대해 설명했다.

"워싱턴에 갈 의사가 있다면 민간 우주비행 연합에서 일하는 사람들에게 소개해줄 수 있어. 그쪽은 도움이 된다면 언제든 널 환영해줄 거야."

이틀 후 나는 워싱턴으로 향하는 기차에 올라타 있었다. 내가 그곳에 도착하기 직전, NASA의 전 우주비행사이자 우주정거장 사령관이었던 마이클 로페즈-알레그리아Michael Lopez-Alegria가 NASA를 떠나 CSF 회장으로 오게 되었다. 민간 우주비행 분야가 낯설지 않은 그는 2006년 네 번째이자 마지막으로 우주비행을 떠날 때 익스페디션 14호에 세계 최초의 여성 민간 우주탐험가인 아누세흐 안사리와 함께 탑승했었다. NASA에서 존경을 받으며 일했던 마이클은 민간 우주비행 산업을 열렬히 지지하고 있다. 나는 미국 내에서 가장 긴 우주비행 시간과 가장 많은 선외활동(EVA)[6] 기록을 가진 우주비행사와 마주앉아 있다는 사실에 흥분을 감출 수 없었다. 나는 숨을 깊

---

6) Extra-Vehicular Activity 우주비행 중 우주선 밖으로 나와 활동하는 일

이 들이마신 뒤 기차에서 연습한 프리젠테이션을 시작했다. 기술 전문가는 아니었지만 언론과 커뮤니케이션 분야에서는 전문 지식을 갖추고 있던 내가 보기에 민간 우주비행 산업의 발전을 가속화하는 가장 좋은 방법은 이 분야에서 일어나는 흥미로운 일들을 대중에게 더 널리 알리는 것이었다. 현재 기관의 소셜 미디어 홍보가 부족하다고 판단한 나는 단체의 가시성과 영향력을 넓히기 위한 종합적인 캠페인을 제안했다. 나에게 기회가 주어진다면 우주에 대한 접근성을 낮추고 지구의 경제 영역을 넓히는 일이 사회에 미칠 어마어마한 영향력을 모두에게 알리는 데 일조하고 싶었다. 마이클은 우주 산업에서 나에게 기회를 준 두 번째 인물이 되었다. 그 날 오후, 나는 〈스타 트렉〉을 보며 꾸던 허황된 꿈을 충족시킬 새로운 역할과 직함을 받아들고 사무실을 나섰고 민간 우주비행 연합의 '미디어 전문가'가 되었다.

2012년 내가 CSF 팀에 합류할 당시, 민간 우주 산업은 이미 한참 전에 본궤도에 올랐고 지난 10년 동안 엄청나게 많은 역사적 성과를 이룩한 상태였다. 나는 이 모든 성과를 소셜 미디어와 언론 보도를 통해 대중에게 제대로 홍보하기로 마음먹었다. 방대한 양의 업적을 처음부터 일일히 살피는 일은 쉽지 않았다. 하지만 더 어려운 것은 '역사적'이라는 말을 대신할 단어를 고르는 일이었다. 국가만이 실현 가능했던 업쩌을 민간 기업이 이뤄내다니 역사적이라는 말 외에 달리 어떻게 표현할 수 있을까! CSF는 로켓 디자인과 성능을 한층 발전시킨 시험 비행을 진행 중이었고, 멤버들은 아찔할 만큼 빠른 속도로 진척을 보이고 있었다. 나는 언론 보도 제조기로서 고무적인 순간들을 기리기 위해 전념했다. 당시는 스페이스X가 ISS에 정박할 최초의 민간 기업이 되는 해이기도 했다. 말로 표현하기 힘들 정도로 엄청난 성과에 나는 정신이 하나도 없었다. 이는 일개 기업이 이룩한 성과에 그치는 것이 아니라 그야말로 21세기의 역사적인 업적이었다. CSF는 미국인 뿐만 아니라 전 세계인을 위하여 우주여행의 문을 활짝 열어젖히고 있었다.

민간 우주비행 연합, 스페이스X의 역사적인 쾌거를 축하하다
-2012년 5월 25일-

워싱턴 D.C., 민간 우주비행 연합(CSF)은 스페이스X와 NASA의 협업을 통해 드래곤 우주선이 성공적으로 국제우주정거장(ISS)에 정박한 것을 축하한다. NASA는 드래곤이 접근, 멈춤, 도중하차 조종을 비롯한 기타 시스템 성능 점검을 성공적으로 수행한 뒤 마침내 진입을 허락했다. 이로써 스페이스X는 ISS에 정박한 최초의 민간 기업이 되었다.

스페이스X의 드래곤 캡슐은 5월 22일 플로리다 케이프 커내버럴에서 팰컨9 로켓에 실려 발사되었다. 우주정거장에 정박하기 며칠 전, 드래곤은 시스템 점검을 마치고 통신을 유지했으며 다양한 정차 및 철수 조종을 시연했다. NASA의 허락이 떨어지자, 드래곤은 자동으로 우주정거장에 접근했으며 정거장의 로봇 팔이 드래곤을 붙잡아 정박시켰다.

CSF 회장이자 전 ISS 사령관 마이클 로페즈-알레그리아는 성명에서 "현재 국제우주정거장에 체류 중인 여섯 명의 우주비행사가 내일 민간 기업이 최초로 발사한 우주선의 출입구를 열게 됩니다. 향후 NASA의 상업용 궤도운송서비스(COTS)와 상업용 보급서비스^{Commercial Resupply} ^{Services} (CRS) 프로그램을 통해 상업용 화물을 수송하고, ISS는 미국과 미국의 국제 파트너들을 위한 귀중한 자원으로 남게 될 것입니다. 이는 스페이스X와 우주 산업 발전에 실로 중대한 성과입니다. 민간 우주 산업의 역량은 날이 갈수록 발전하고 있으며 미국은 경제적이고 신뢰할 만한 우주 운송 시스템을 개발 중입니다. 스페이스X 전 직원의 헌신과 재능은 칭찬받아 마땅하며 미국이 다시 우주정거장에 갈 수 있도록 애써준 그들의 공헌에 진심으로 감사를 표합니다"라고 말했다.

CSF에 근무한 지 첫 해가 끝날 무렵, 나는 호기심 가득한 우주 '덕후'에서 열정적이고 설득력 있는 대변인으로 성장해 있었다. 나는 나에게 주어진 임무에 전력을 다했다. 소셜 미디어 운영과 언론 보도 외에도 사설 기고와 민간 우주비행 산업의 성공을 지지하는 연설도 내 몫이었다. 나는 우주비행 산업의 기술 발전 사항을 꾸준히 파악해나갔고 언론 분야에서의 경험을 활용해 대중이 알아듣기 쉽고 분명한 용어로 이 정보를 전달했다. 나는 미국이 러시아의 기반 시설에 의존하지 않고 우주정거장의 성공을 꾀하며 수천 개의 첨단 기술 일자리, 특히 민간 승무원 프로그램Commercial Crew Program을 통한 일자리를 창출할 수 있도록 NASA의 공공-민간 파트너십의 희망찬 전망을 끊임없이 홍보했다. 소통 능력은 대중의 지지로 좌우되는 산업 분야에서는 강력한 도구로 활용된다. 이 능력은 분위기를 조성하고 자금을 모으는 데에도 도움이 되지만, 난관에 부딪쳐 그 문제를 맥락 내에 녹여내야 할 때 특히 중요하다. 내가 우주비행에 참여하는 구성원들 각각의 성과와 업적을 일일이 기려야 한다고 주장하는 이유가 바로 여기에 있다. 우주는 험난하고 치명적인 위험이 도사리는 곳이다. 우주선을 성공적으로 운행하는 일은 안전한 지구 대기권 밖에서 위험을 감수하며 악전고투 끝에 성공적으로 이뤄낸 업적임을 강조하고 싶었다. 나는 대중이 폭넓은 관점에서 볼 수 있도록 궂은 날에 입은 피해와 호시절에 이룬 업적을 철저히 기록하고자 했다. 알다시피 손실은 발생할 수밖에 없다. 우주여행에는 늘 위험이 내재되어 있다. 이는 새로운 분야를 개척할 때 수반되는 비용의 일부다. 로널드 레이건 전 미국 대통령이 1986년 챌린저호 사고 이후 학생들에게 했던 말처럼 피해는 고통스럽지만 새로운 분야를 탐구하고 발견하려면 반드시 필요한 부분이다.

"이는 모험을 하고 인류의 지평을 넓히는 일입니다. 미래는 겁쟁이의 것이 아닙니다. 미래는 용감한 자의 것입니다."

새로운 영역을 개척할 때 실패는 찾아오기 마련이다. 그래서 테스트를 앞두고 있을 때면 나는 늘 두 개의 다른 언론 보도를 준비해둔다. 하나에는 성공을 축하하는 내용이 담겨 있고, 다른 하나는 이례적인 상황이 발생할 수 있음을 인정하는 내용이 담겨 있다. 좋은 날과 궂은 날 원고는 우주비행이 시작된 이래 언제나 인류의 위대한 업적을 위해 준비해 왔다. 아폴로 11호의 달 착륙이 역사적이었던 이유는 달 착륙선이 처음으로 달의 표면에서 시동을 걸었기 때문이다. 1969년 달 착륙에 수반된 온갖 미지수와 잠정적 실패를 생각해 보면 위험 요소가 넘쳐났다. 시동이 걸리지 않을 경우, 암스트롱과 올드린은 산소가 바닥날 때까지 달 표면에 발이 묶이게 된다. 시동이 금세 꺼질 경우, 그들은 다시 달과 충돌하거나 달의 저궤도 내에서 우주 미아가 되어 우리의 손이 닿지 않는 어딘가로 가버릴지도 모른다. 수년간의 준비 작업으로 위험을 최대한 제거했지만 밤새 잠을 설치게 만들 '만약에'라는 변수는 여전히 넘쳐났다. 전하는 바에 따르면 암스트롱은 이 임무가 100퍼센트 안전하다고 판단했다. 하지만 그 역시 100퍼센트 확신하지는 못했다. 그만 그랬던 것은 아니다. 닉슨 대통령의 대변인은 대재앙적 참사가 일어날 경우에 대비해 대통령이 할 '궂은 날' 연설을 미리 준비해두었다. 우주비행사들이 위험을 무릅쓰고 탐사 정신으로 한계에 도전하는 이유를 완벽하게 포착한 연설이었다. 다행히 아폴로 11호는 성공했지만 비행사들이 이례적인 사태를 겪었더라면 닉슨 대통령은 비탄에 잠긴 국민들을 상대로 다음과 같이 연설했을 것이다.

"평화를 추구하고자 달로 향했던 그들이 애석하게도 영원히 달에 잠들게 되었습니다. 용감한 닐 암스트롱과 버즈 올드린은 자신들이 발견될 가망이 없음을 잘 알고 있습니다만 더불어 그들은 자신들의 희생으로 인류가 더 큰 희망을 갖게 되었다는 사실도 알고 있을 것입니다."

CSF에서 일하는 동안 실패한 날보다 성공한 날이 훨씬 더 많았지만 문제가 발생할 경우를 대비해 우리는 위기 커뮤니케이션을 철저히 준비해 두었다. 2014년 10월 31일 마침내 우려했던 대참사가 일어났고, 우리는 시험대에 올랐다. 사고는 스케일드 컴포지트와 버진 갤럭틱이 개발한 스페이스십 II에서 발생했다. 시험 비행 조종사 마이클 앨스버리가 모하비 사막에서 목숨을 잃었다. 시험 비행에는 늘 위험이 따른다는 것을 알고 있었지만 실제로 그러한 일이 발생하자 우리는 충격에서 쉽게 벗어나지 못했다. 민간 우주비행 산업은 거대한 만큼 그 안에 몸담고 있는 구성원들 간의 유대도 긴밀했기에 그날 우리 모두의 마음은 모하비 사막으로 향했다. 사고가 발생하자 콜롬비아호가 폭발했던 그날이 떠올랐다. 슬픔에 빠진 국민을 향해 연설을 하는 조지 부시 대통령의 모습을 TV로 바라보며 충격에 빠졌던 그날 말이다. 비극을 납득하기 위해 CSF를 바라보는 사람들을 향해 위로의 말을 건네야 하는 입장이 되고 보니 그의 말이 더욱 큰 울림으로 다가왔다. 나는 마이클 앨스버리가 기념비적인 시험 비행을 마친 뒤 아내와 아이들의 곁으로 무사히 돌아갔다는 내용의 성명서를 발표하고 싶었다. 하지만 그럴 수 없었다. 나는 이렇게 운을 떴다.

"오늘 이 비극적인 사고로 우리는 우주 산업과 탐사 분야에서 인간의 경험과 역량의 한계에 도전하며 매번 마주할 수밖에 없는 엄청난 과제를 또다시 떠올리게 되었습니다. 우리가 잃은 소중한 생명은 무엇과도 바꿀 수 없으며 우리는 그들의 희생을 절대 잊지 않을 것입니다. 두 비행사가 보여준 용기는 우리 모두가 확실한 목표와 결단력으로 난제에 맞섬으로써 최대한 안전하고 믿을만한 우주비행을 만드는 자극제가 되기를 희망합니다."

사고 이후, 상업 우주 탐사를 둘러싼 변덕스러운 감정을 잘 보여주듯 언론에는 잔인한 말들이 나돌았다. 이 사고가 있기 불과 몇 주 전, 나는 모든 출발점이었던 안사리 X프라이즈 대회의 10주년을 기념하기 위해 모하비 사막에 갔었다. 리처드 브랜슨은 우주여행의 꿈에 거의 근접하고 있다고 강조했으나 안타깝게도 'X프라이즈가 시작된 지 10년이 지났는데 나의 우주 택시는 어디에 있나?'라고 빈정대는 헤드라인 아래로 그들의 점진적인 발전을 비난하는 날카로운 기사를 마주해야 했다. 상황은 더욱 악화되었다. '아마추어 우주비행사는 지겹다'같은 선동적인 논평이 등장했다. 거대 산업을 억만장자 사내들과 그들이 깔짝대는 장난감이라는 뻔한 비유로 일축한 《타임지》의 날선 기사였다. 마이클 엘스버리의 가족을 비롯해 버진 갤럭틱과 우리 산업 전체를 생각하자 마음이 아렸다. 이 같은 기사는 지나친 혹평인데다 공정하지도 않았기 때문이다. 버진 갤럭틱은 테스트 기간 동안 아찔한 공학 문제들을 여럿 발견했다. 이것이 시험 비행 프로그램에 내재된 본질을 보여주는 것이 아니었을까? 상업적인 운영을 시작하기 전에 기술을 시험하고 취약한 변수를 제거하는 일이 시험 비행의 명시적인 목적이다. 하지만 잘못된 인식을 바꾸는데 에너지를 낭비할 때가 아니었다. 힘든 시기에 대중의 지지에 의존하려면 일이 잘 풀리는 시기에 그들을 우리 편으로 끌어들여야 했으며 그기 위해선 우리의 목소리와 존재감을 키워야 했다. 우리는 고귀한 목적으로 뭉쳐 있었지만 잘 아는 사람들끼리만 소통함으로써 우리도 모르게 산업의 '반향실 효과[7]'를 키우고 있었는지 모른다. 나는 우리의 말에 귀 기울일 청중의 범위를 확장하고 좋을 때만 친구인 사람들을 열렬한 지지자로 만들기 위해 창의적으로 생각하려 애썼다. 그들은 새로운 분야를 개척하는 데 수반되는 비용과 뒤따라오는 혜택을 이해하고 있기에 이 산업의 성공을 기원할 것이다. 우리는 근사한 업적을 객관적으로 전시하는 데 그칠 게 아니라 날로 확장되고 있던 청중들에게 마이클 앨스버리 같은 시험 비행 조종사들이 애초에 왜 매일 그러한 일을 수행했는지 알려야 했다.

2014년에는 '모든 배는 조류에 맞춰 떠오른다'는 기조가 업계 전반에 흐르고 있었다. 서로를 지지하고 회복력을 보여주는 일이 모두에게 도움이 된다는 뜻이다. 당시 개별 기업 활동을 바탕으로 업계 전

---

7) Echo Chamber 기존의 정보나 신념이 폐쇄적인 집단 내 커뮤니케이션에 의해 증폭, 강화되어 확증편향을 지니게 되는 현상. 극단주의의 배경이 되기도 함

체를 싸잡아서 평가하는 경우가 비일비재했다. 아무리 사소한 난관 일지언정 불필요한 불안을 조장하는 사람들을 자극해 '이것으로 민간 우주비행은 정말로 끝인가?'와 같은 말을 충분히 하고 다니게 만들 수도 있었다. CSF는 놀라운 기술 혁신으로 우주비행의 문턱을 낮췄고, 그들이 이룬 발전은 온갖 배경의 사람들이 우주 탐사를 향한 자신만의 꿈에 다시 불을 지피도록 북돋았다.

나는 사람들과 직접 이야기를 나누고 싶었다. 다행히 기술적 전문 지식이 빈약한 덕분에 나는 나무만 보고 숲은 보지 못하는 실수를 피할 수 있었다. 나는 현대적인 언론 매체에 조금씩 진출하면서 점차 활동 범위를 넓혀나갔다. 우선 소셜 미디어를 통해 존재감을 높이는데 힘썼다. 나는 마이클 로페즈-알레그리아에게 레딧과 페이스북 라이브를 통해 '무엇이든 물어보세요' 세션을 갖도록 설득했다. 또한 리처드와 레티샤 부부의 도움으로 CSF 팀원 전체가 탐험가 클럽에서 주최하는 〈발사 : 우주비행의 미래!〉라는 행사에 참여하도록 설득했다. 스페이스X, 버진 갤럭틱, 마스텐 스페이스 시스템즈, 시에라 네바나를 비롯해 다른 민간 기업들이 우주선 모형을 가져와 200명이 넘는 청중들 앞에서 자신들이 이룩한 성과를 공유했다. 나는 가장 악명 높은 회원사인 블루 오리진도 참여하도록 설득했다. 그들은 행사에 나타나 평소 보기 어려운 그들의 시험 비행 우주선에 관한 관점을 공유레 기자들을 열광시켰다. 이 행사에서 우리는 CSF의 자매기관인 어스+EARTH+의 창설을 공표했다. 이곳은 민간 우주 산업 분야의 인식을 높이고 대중의 참여를 장려하는 기관이다. 꽤나 기술적인 지식이 필요한 산업에서 비공학자로 일하고 있던 나는 드디어 흠모하던 산업에 가치를 더하고 나아가 이 산업이 발전을 꾀할 수 있도록 내가 할 수 있는 방법을 찾았다. 리처드와 레티샤의 지속적인 지지와 후원 덕분에 나는 탐험가 클럽까지 가입하는 영광을 누릴 수 있었다. 내 앞에 열린 다른 문들과 마찬가지로 나는 이 기회를 통해 내가 가진 에너지를 110퍼센트 쏟았다. 부족한 나를 받아준 단체에 감사하는 마음으로 남는 시간을 온통 맨하튼에 위치한 이 단체의 본사에서 보냈다. 중요하지 않은 일은 없었다. 저녁 행사가 열리는 동안 나는 체크인과 코트 보관 일을 도왔으며 프론트 데스크 인력이 부족해지자 기꺼이 한 때 나의 일이었던 접수원으로 돌아갔다. 클럽의 가장 기본적인 핵심 업무를 담당한 덕분인지 나는 같은 해 탐험가 클럽 연례 만찬의 의장직을 맡아달라는 영예로운 제안을 받았고 클럽 역사상 최연소 의장이 되었다. 110번째 연례 만찬에서 나는 '탐험과 기술'이라는 주제를 내걸고 클럽 회원들과 함께 최고 영예를 누릴 자격이 있는 이들을 지명했다. 기쁘게도 클럽의 깃발과 명예 위원회Flag and Honors Committee 역시 내가 지명한 후보자들을 높이 평가했다. 내 삶은 긍정적인 방향으로 흘러가고 있었다.

버즈 올드린 쿼더리얼 우주상Buzz Aldrin Quadrennial Space Award은 NASA의 전 우주비행사이자 로켓 엔진 혁신가 프랭클린 창-디아즈와 NASA의 지구물리학자 마리아 쥬버에게 돌아갔다. 버즈 올드린은 블루 오리진의 CEO 제프 베조스와 역사적인 아폴로 로켓 엔진을 대서양 바닥에서 건져 올린 그의 아폴로 F-1 탐사팀에게 직접 공로상을 수여하기도 했다. CSF의 회장이자 NASA의 전 우주비행사 마이클 로페즈-알레그리아는 스페이스X의 CEO 일론 머스크에게 탐사 및 기술 대통령상을 수여했다. 무엇보다 가장 뜻깊은 일은 스티븐 호킹 Stephen William Hawking 교수가 기조 연설을 수락한 것이었다. 마침내 영화 학위를 활용할 수 있게 된 나는 기쁜 마음으로 케임브리지로 가 그의 연설을 영상에 담았다. 행사를 주최하고 업계의 별들과 같은 무대에 서는 일은 뿌듯하면서도 작아지는 경험이었다.

나는 세상에서 가장 뛰어난 인재들이 한자리에 모여 우주 탐사라는 공통된 꿈을 논하는 자리를 마련했다. 그리고 1,700명의 참석자들을 비롯해 그날의 행사를 담은 언론 보도를 통해 우리를 만날 수십만 명의 사람들에게 전달할 강력한 영감의 순간들도 기획했다. 나는 일론 머스크 그리고 마이클 로페즈-알레그리아와 나란히 한 무대에 서 있다는 사실이 믿기지 않았다. 불과 2년 전만 해도 같은 테이블에 앉아 우주 탐사에 기여할 수 있는 방법에 관해 질문을 쏟아내던 나를 응원하던 레티샤와 리처드가 나를 바라보고 있었다. 그때 그들이 나에게 한 투자가 바람직한 성과로 이어지도록 내가 가진 전부를 걸겠다고 약속했던 내 모습이 떠올랐다. 하지만 늘 정해진 길로만 갈 필요는 없다. 때로는 전혀 나른 방향으로 그 성과를 보여줄 수도 있다.

우주비행사를 꿈꾸는
이들을 위한 도움말

우주 분야의 아웃사이더였던 내가 인사이더가 된 구체적인 순간을 콕 집어 말할 수는 없지만 어느 시점인가부터 나는 포함되는 것과 소속되는 것 간의 차이를 이해하게 되었다. 우주 산업에 발을 담그기 위해서 다방면으로 열심히 노력한 건 사실이지만 그렇다고 모든 일을 전부 혼자 해낸 것은 아니다. 나에게 기회를 마련해 준 수많은 사람들의 힘이 컸다. 그러한 기회는 우연히 찾아오기도 했지만 나는 그렇게나 많은 우연을 믿지 않는다. 그보다 사람들이 나를 신뢰하도록 만드는 나만의 특정한 행동이 있다. 새로운 산업에 적극적으로 뛰어들고 싶은 사람이라면 다음 내용에 귀 기울여보자.

사전 조사를 실시한다. 특정한 활동에 가담하고 싶거든 우선 그러한 활동들이 일어나는 곳을 파악해야 한다. 우주 산업의 경우 일반적으로 콘퍼런스가 여기에 해당된다. 네트워크를 쌓는 가장 확실한 방법은 자신의 커뮤니티에서 열리는 콘퍼런스에 정기적으로 참석하는 것이다. 수많은 산업 콘퍼런스에서 자원봉사자에게 입장권을 제공한다. 자원봉사자로 참여될 경우 일반인으로 참석하는 것보다 훨씬 값진 경험을 할 수 있다. 현지에서 진행되는 콘퍼런스가 없거나 멀리 이동할 수 없을 경우 창의력이 필요하다. 소셜 미디어에서 진행되는 대화에 참여하거나 보다 직접적인 접촉을 바란다면 지역 대학교의 천문학부서, 천문관, 과학박물관, 도서관에 연락하면 된다. 직접 온·오프라인 모임을 주최하면 더욱 좋다. 가까운 동네에서 이루어지는 우주를 주제로 하는 소소한 대화 모임이나 도서관 북클럽에 참석해 촉매제이자 연결책으로 확실히 자리매김하는 것도 좋은 방법이다. 나는 여러분이 북클럽에서 가장 먼저 읽어보면 좋을 책을 추천해 줄 수 있다.

멘토를 찾고 후원자를 확보한다. 단 한 명의 멘토를 얻겠다는 생각은 구식인 데다 비현실적이다. 여러분이 멘토와 멘티의 일대일 관계를 엄격히 고수한다면 수많은 전략적 지침을 놓치게 된다. 멘토를 단 한 명의 구체적인 사람 대신 우리가 배울 수 있는 한 무리의 사람으로 생각하기 바란다. 앞 과정을 마쳤다면 관련 분야의 지인을 몇 명 확보했을 것이다. 그 중 한 명은 여러분의 관심 분야에서 일하는 누군가를 알고 있을 확률이 높다. 나는 언제나 최대한 편리하고 진입 장벽이 낮은 방법을 이용한다. 함께 커피를 한 잔 하며 대화를 나누거나 짧은 전화 통화를 시도한다. 이는 그들의 업무와 관련해 명확하고 구체적인 질문을 던지며 그들이 진로와 관련된 특정한 결정이나 문제에 어떻게 접근하는지 파악할 수 있는 완벽한 기회이다. 후원자의 기준은 높을 수밖에 없다. 누구나 어떤 형태로든 멘토를 얻을 자격이 있지만, 후원자는 누군가가 자신의 명성을 담보 삼아 우리를 보증하겠다고 결심할 때 얻을 수 있다. 나를 후원했던 이들이 이를 일종의 거래로 받아들였을 거라고는 생각하지 않는다. 하지만 나를 믿어준 이들이 정말 감사했기에 그들의 투자가 옳은 선택이었음을 입증하기 위해 두 배로 열심히 노력했다. 나의 경우 누군가 나를 위해 문을 열어줄 때 잘 해내는 것만으로는 충분하지 않았다. 그 일을 멋지게 해내고 그 과정에서 그들의 명성을 높임으로써 내게 베풀어준 호의를 되갚고 싶었다. 누군가 우리를 위해 자신의 이름을 걸 때 우리는 그들이 내린 판단을 고스란히 반영하는 사람이 되어야 한다. 하지만 애초에 후원자를 얻으려면 어떻게 해야 할까? 우선 그럴 만한 가치가 있는 사람이라는 평판을 쌓아야 한다.

자신이 추구하는 이상적인 평판을 그려본 뒤 이를 실현한다. 나는 시험 삼아 멘토였던 이들 몇 명에게 그들이 느낀 나의 첫인상을 물었다. "열정적이고 의욕 넘치며 거침없는 실행자"라는 답변을 받았다. 마지막 부분과 관련해 보다 자세한 설명이 필요하겠지만, 여기서 내가 하고 싶은 말은 그들이 내린 이 같은 평가가 우연이 아니라는 점이다. 나는 이러한 평판을 얻기 위해 의도적으로 노력했다. 나는 현명해 보이려고 애쓰지 않았다. 대신 의욕 넘치고 행동 중심적이며 신뢰할 만한 사람이라는 사실, 나에게 일을 맡기면 반드시 해내며 일을 마칠 때까지는 쉬지 않는다는 사실을 입증하고 싶었다. 나는 110퍼센트의 열정으로 세부사항에 주목하면서 아주 사소한 임무까지도 전부 완수함으로써 이 같은 명성을 쌓았다. 이메일을 받으면 즉각 답을 보내되 문법과 철자를 세 번 확인한 뒤 일목요연하게 이메일로 답했다. 다른 이들의 시간을 최대한 활용하기 위해 통화를 하거나 만나기 전에 미리 주제를 이메일로 보냈으며 콘퍼런스나 약속 장소에 언제나 가장 먼저 도착하는 사람이 되려고 애썼다. 나는 집중했고 내게 주어진 일은 언제나 끝까지 마무리 지었다. 내가 책임을 지고 있는 한 미완으로 끝나는 일은 없었다. 누군가 지나가는 말일지라도 책이나 기사를 추천할 경우 반드시 읽고 밑줄을 그어두었으며 상대에게 소감을 전했다. 나에게 시간을 내어준 이들에게 진심을 담은 감사 카드를 보냈다.

우리는 마음먹은 대로 자신의 평판을 구축할 수 있다. 어떠한 평판을 쌓고 싶은지 단지 서너 개의 표현일지라도 결정한 다음 이를 실현하기 위해 어떠한 행동을 취하거나 조정할지 계획을 세운다.

화려한 일이 아니라 중요한 일을 찾는다. 나는 성공하는 사람은 보통 성공 자체를 좇지 않고 좋은 결과를 좇는다는 사실을 알게 됐다. 나는 겸손하고 투지 넘치는 이들, 결과에 목말라하고 결과를 얻기 위해 무슨 일이든 하려는 사람들을 곁에 두고 싶다. 무슨 일이든 한다는 것은 십중팔구 덜 화려한 일을 한다는 의미다. 나는 스포트라이트를 받는 순간을 즐기기는 하지만 (누군들 안 그러겠는가?) 내가 가장 높이 평가하는 일은 보이지 않는 곳에서 진행되는 일이다. 무대의 불이 켜지도록 힘쓰는 그런 일 말이다. 수년 동안 논평 기사와 언론 보도문만 작성해온 나는 내 이름으로 글을 쓰게 되자 신이 났다. 하지만 내 이름을 밝히는 기사를 쓴다고 나에게 주어진 다른 일들이 갑자기 덜 중요하다는 뜻은 아니다. 오히려 나는 개인적인 기사를 동기 부여 삼아 더욱 강력한 영향을 미치는 글을 쓰게 되었다. 공식 저자이지만 나는 지금도 다른 이들을 위해 성명서와 보도자료를 작성한다. 공로를 인정받고 싶어하기보다는 결과를 중시하기 때문이다. 결과에 오롯이 집중한다면 하찮은 일이란 없다.

심호흡을 한 번 한 뒤 정리한다. 잘 계획된 삶은 생산적인 삶으로 이어진다. 온갖 책임을 한꺼번에 떠맡고 있을 경우 이를 동시에 처리하기란 쉽지 않다. 이럴 때는 생산성 관리 도구를 활용해 볼 것을 추천한다. 이 도구들의 도움을 받으면 시간도 절약되고 머릿속도 한결 가벼워질 수 있다. 나의 경우 달력의 알림 기능, 일일 업무 목록을 이용했으며 《끝도 없는 일 깔끔하게 해치우기》의 저자 데이비드 알렌이 '2분 법칙'이라 명명한 규율대로 사는 법을 터득했다.

하루 동안 처리해야 하는 일 중 2분 내에 할 수 있는 소소한 일이라면 할 일 목록(to-do list)에 쌓아두는 대신 바로 그 자리에서 해치워버리자. 할 일 목록에는 정말 따로 시간을 내어 해야 할 일만 적어둔다. 열정을 갖고 살펴봐야 할 일이 자신의 전문 분야나 개인적인 업무와는 상관없는 일이라면 이는 더욱 중요해진다. 몇 분이 쌓이면 몇 시간이 되는데 모든 시간은 소중하기 마련이다.

자신의 장점과 단점을 파악한다. 자기 자신을 솔직하게 점검하는 시간을 가져본다. 자신이 잘 하는 일은 무엇인가? 여러분은 합의를 도출하는 데 능할지도 모르며 이야기꾼이거나 창의적인 저술가, 혹은 나처럼 완료한 업무를 표시할 때 만족감을 느끼는 거침없는 실행자일지도 모른다. 자신이 잘하는 일을 파악한 뒤 최대한 업무에 활용해본다. 내 경우 나의 실행력이 한껏 발휘될 수 있도록 엄격한 운영관리가 필요한 곳을 찾았다. 마찬가지로 우리는 자신이 못하는 일도 철저히 파악해야 한다. 못하는 일은 때때로 웃으며 견뎌야 하는 싫어하는 일과는 다르며 피하지 않을 경우 결과에 안 좋은 영향을 미칠 가능성이 크다. 이 둘의 차이를 파악해 무슨 일이 있더라도 못하는 일은 피하는 것이 좋다.

나만의 엘리베이터 피치(3분 스피치) 연습을 한다. 잠재적인 멘토와 후원자를 비롯해 우리가 긍정적이고 지속적인 인상을 남기고 싶은 사람들 앞에 서게 될 때가 찾아오기 마련이다. 이 기회를 최대한 활용하려면 엘리베이터 피치를 완벽하게 연습해 둬야 한다. 내가 누구이며 내가 하고 싶은 일은 무엇인지에 관한 빠르고 간략한 연설이다. 최고의 엘리베이터 피시는 간단명료하고 자신감 넘치며 특별하다. 나의 엘리베이터 피치는 다음과 같다.

"나는 태양계에 인간의 발자국을 늘리는 일에 열정을 느끼며 현재 민간 우주비행 연합에서 언론 전문가로 일하고 있다. 나는 우리 단체의 회원사를 대변하는 일을 정말 좋아하며 언젠가 우주선에 직접 탑승하고 싶다!"

하지만 우주 산업에 발을 디디기 전 나의 엘리베이터 피치는 다음과 같았다.

"나는 유인 우주선에 열정을 품은 커뮤니케이션 전문가다. 나는 영화 산업에서 일하고 있으며 이야기를 만드는 작업을 좋아하지만 이러한 경험을 민간 우주비행에 대한 인식과 지원을 증진하는 데 어떻게 이용할 수 있을지 생각하기 시작했다. 현재 우주 산업 내에서 일할 수 있는 기회를 찾고 있다."

여러분의 엘리베이터 피치도 시간이 흐르면서 바뀌어야 한다. 따라서 매년 다시 작성해야 한다.

가면 증후군에서 벗어난다. 주위에서 대단한 일을 해낸 사람이 만성적인 자기회의에 시달리는 모습을 본 뒤, 나의 무능함을 곱씹지 않기로 했다. 나는 사기꾼[8]과 아웃사이더의 차이도 알게 되었다. 우주라는 새로운 분야에 진입하면서 자신감을 키우는 데에는 이 둘의 차이를 아는 것이 아주 중요했다. 사기꾼이란 내가 잘 알지 못하는 분야에서 경력을 위조하는 것이지만 아웃사이더는 내 자리를 확보하기 위해 노력해야 한다는 의미일 뿐이다. 여성들은 특히 이 같은 현상에 취약하며 새로운 일자리에 지원할 때 더욱 그렇다. "나는 여러 경험을 해봤지만 X는 잘 몰라. 그러니까 자격이 없어"라는 생각과 "나는 이 일에 대부분 익숙하니까 나머지도 금방 배울 수 있을 거야"라는 생각은 분명히 다르다. 자신의 역량을 100퍼센트 확신할 때까지 기다린다면 전문성을 획득하는 데 도움이

---

8) 가면 증후군(Imposter Syndrom)이 스스로를 사기꾼(Imposter)으로 생각하는 데서 오는 불안 심리이기 때문에 언급

될 수 있는 기회를 놓치게 된다. 이 같은 깨달음은 마이클 로페즈-알레그리아와 나 사이의 오래된 농담이 되었다. 몇 년 후 나의 결혼식에서 그는 '우주 산업에 들어오려고 뼈빠지게 노력한 신부'라는 사랑스러운 축사를 건넴으로써 우주를 주제로 한 결혼식의 막을 열어주었다.

나만의 자문단을 만든다. 자기 자신에게 투자할 때 가장 중점을 둬야 하는 활동은 자신만의 자문단을 만드는 일이다. 나만의 자문단은 나를 염려하는 이들이자 조언, 격려, 지원, 관점을 얻고자 할 때 내가 찾아갈 수 있는 다양한 사람들이다. 솔직한 조언이나 의견을 제공해 줄 사람들을 두는 일은 정말 중요하다. 자문단이 반드시 같은 분야에서 일하는 사람일 필요는 없다. 동료, 멘토, 친구, 친척 심지어 멘티도 될 수 있다. 한 분야에서 확실히 자리 잡은 사람들은 종종 영감을 찾아 위만 올려다보는 실수를 저지르는데 그러다 보면 이제막 이 분야에 발을 디딘 사람들이 전할 수 있는 창의적인 관점을 놓치게 된다. 나만의 자문단을 찾은 뒤에는 조언이나 지원이 필요할 때 그들을 찾아가도록 하며 그들 역시 언제든 그럴 수 있다는 사실을 알리기 바란다.

안전지대에서 벗어난다. 지나치게 편안한 상태에 머물 경우 가속도가 떨어져 정체 상태가 찾아오게 된다. 상투적으로 들리겠지만 우리에게는 억지로 시도하지 않는 한 절대로 발현되지 못하는 역량이 있다. 안전지대에서 벗어나 개인적이고 전문적인 성장을 꾀하기 위해 위험을 기꺼이 껴안아야 한다. 결국 내가 우주 산업 커뮤니케이션이라는 비교적 안락한 분야를 떠나 우주 하드웨어라는 새로운 과제에 도전하기 위해 2014년 워싱턴 D.C.를 떠나 모하비 사막으로 향한 것처럼 말이다

항공 우주기지에서
모든 것을 걸다

스푸트니크호가 오직 탐사 목적만을 위해 만들어졌을 거라는 환상에 빠진 사람들을 위해 본래 우주는 우주 개발 경쟁 초창기부터 군사 영역이었다는 사실을 언급하지 않을 수 없다. 나 역시 항공 우주 산업과 국방의 연계성을 온전히 받아들이기까지 몇 년이 걸렸기 때문이다. 우주를 기반으로 하는 기술 덕분에 우리가 얼마나 막강해졌는지 알고 나서야 비로소 나의 시야가 확장될 수 있었다. 어느 날 우주 기반 기술을 사용할 수 없게 되어 우리가 누리는 온갖 편의시설을 사용할 수 없는 하루를 상상해 보자. GPS, 스마트폰, 전자결제, 위성TV, 라디오 등이 없는 하루를 말이다. 뿐만 아니라 기상 레이더 관측을 통한 날씨의 변화 및 수많은 지구 관련 영상과 커뮤니케이션 수단도 모두 누릴 수 없다. 간단히 말해서 현대사회는 인공위성을 단 하루만 사용하지 못해도 미국을 비롯한 전 세계 경제가 타격을 입을 만큼 항공우주산업에 의존하고 있다. 이는 매우 큰 취약점이 아닐 수 없다. 위 상황은 어디까지나 우리가 미리

써 내려간 예상 가능한 시나리오에 불과하다. 적대적인 급습이나 우발적인 잔해의 충돌처럼 미리 계획하지 않은 위협이 발생할 경우, 우주를 기반으로 한 자산들은 어떤 악영향을 받게 될까? 우주 기술이 발달하면 할수록 우리의 삶도 이에 더욱 의존할 수밖에 없다. 우주는 이미 오래 전부터 공기나 바다, 육지, 사이버 공간처럼 동등한 관심을 기울일만한 영역이다. 공군에서는 '우주 없는 하루' 즉, 우주 기반의 능력을 완전히 상실했을 경우를 대비해 수차례의 군사 훈련을 실시하고 있다. 미국 정부가 처음 로켓 실험을 실시할 때부터 미군의 이러한 관심은 우주 개발 활동을 뒷받침하고 미국인의 삶과 자산, 이익을 보호하며 전 세계의 무수한 자연재해와 인도주의적 위기에 신속한 대응을 가능하게 했다. 따라서 우주 군사화는 불가피한 조치이고 이미 잘 구축되어 있지만 지금 우리에게 필요한 사회적 대화는 우주의 무기화다.

1967년 UN에서 체결된 우주 조약^{Outer Space Treaty}은 지구 궤도뿐 아니라 다른 천체에서도 대량 살상 무기 사용을 금지하고 있다. 이는 꽤 현명한 조치처럼 보이지만 아폴로호 이후 지난 50년 동안 개발된 현대 기술의 관점에서 애매한 영역이 꽤 많다. 이 빈틈(핵무기는 엄밀히 말해 궤도 내에 있지 않으며 정확히 어느 정도의 파괴가 '대량 파괴'일까?)은 누구라도 밤잠을 설치게 할 만하며, 우주군을 포함해 전 세계 군대가 계속해서 자국만의 우주 기반 활동과 국방 능력을 강화하는 동시에 이 우주 시스템의 공격적인 사용을 정의하고 규제할 합리적인 근거를 제공하고 있다. 군사 분야와 민간 분야의 관심이 다를 수밖에 없다는 사실을 예견했던 드와이트 D. 아이젠하워 전 미국 대통령은 1958년 미국의 우주비행 능력과 회복력을 높이기 위한 두 가지 방안을 승인했다. 우선, 국방부 산하의 방위고등연구계획국Defense Advanced Research Projects Agency(DARPA)을 설립하여 군사 우주 활동을 감시했다. 또, 같은 해 아이젠하워 대통령과 의회가 미국 항공우주법에 서명하고 NASA를 설립했으며 우주 기반 기술과 탐사의 절반은 민간이 참여하도록 했다.

　민간 우주비행 산업의 발전을 고려할 때 우주에서 자신들의 능력을 보강하기 위해 민간 분야에 눈을 돌린 미국 기관이 NASA만은 아니었다는 사실은 별로 놀랍지 않다. 때로 국방부의 미친 과학자 실험실로 불리는 DARPA 역시 국방과 국가 안보라는 목표를 위해 민간 분야를 활용하는 데 관심을 보였다. DARPA는 단기 우주비행에서 회수 가능한 재활용 로켓을 사용하면 여러 면에서 큰 이득을 볼 수 있다는 사실을 간파했다. 저비용으로 일상적인 우주여행을 한다는 목표를 달성하기 위해 DARPA는 회수 가능한 재활용 무인 로켓을 구상했다. 간단한 정비 후에 탑재 화물을 저궤도로 운송할 수 있는 로켓이었다. 이 로켓을 이용할 경우, 전 세계 어디에서라도 탑재 화물을 며칠 만에 발사할 수 있었다. 이는 미국의 안전과 안보, 번영이 달려 있는 군사 및 상업 인공위성을 위한 사전 대책으로 군사적으로 상당한 이득을 가져다줄 예정이었다. DARPA는 이 인공위성들 중 하나가 큰 손상을 입었을 경우 실험 우주선(XS-1)이 신속하게 복구할 수 있을 거라 판단하고, 이를 제작할 민간 기업을 주시하기 시작했다. DARPA는 해당 기술력을 입증하기 위해 민간 산업 파트너들이 실험 비행에서 달성해야 하는 첫 번째 기준 목록을 작성했다. XS-1은 10일 동안 마하 10 이상의 속도로 10회를 날아오르며 1.4톤에서 2.3톤 정도의 탑재 하중을 운송해야 했고, 이 모든 일을 수행하는 데 소요되는 비용은 비행 한 회 당 5백만 달러보다 적어야 했다.

　나는 CSF에서 일하는 동시에 정부와 민간 분야의 협력을 증진하기 위해 오래전부터 노력한 우주 개척 재단^{Space Frontier Foundation}의 정회원이기도 했다. 상업적인 지속가능성을 꾀하기 위해 이 프로그램을 어떻게 구성해야 할지 고심하던 DARPA는 이 재단이 연구 진행에 도움이 될 거라 판단했고, 공공-민간 협력으로 이루어진 수많은 프로그램이 그렇듯 XS-1은 민간 분야가 서비스를 빠르게 착수할 수 있도록 사업 구상을 장려하는 방식으로 진행되었다. 이런 목표를 지지하는 차원에서 나는 DARPA의 전략기술 연구소^{Tactical Technology Office}와 협력해 산업 워크숍을 몇 차례 가졌고 XS-1 기술을 상업 우주 산업에 적용하기 위해 필요한 자료를 수집했다. 합리적인 비용으로 로켓을 발사할 수 있는 능력은 정부와 산업 양쪽 모두에게 이익이 된다. 저렴한 우주비행은 상업용 화물 탑재의 진입 장벽을 낮춰주고, 이는 새로운 광대역 시스템을 비롯한 기타 혁신적인 기술을 선보이는 새로운 시장을 개척하는데 기여할 뿐 아니라 로켓 개발자들에게 큰 동기부여가 될 수 있다. 나는 업계 지도자들을 불러 모았고, 여러 차례 연구 회의를 거쳐 상용화 가능성과 고객 지원 사항을 최대한 많이 파악하는 것을 목표로 XS-1의 기술과 예산, 프로그램 요소를 면밀히 살펴보았다. 나는 우주 산업에서 강력한 가교 역할을 하며 나의 역량을 확장시키고 있었다. 보도 자료를 작성하는 일에서 손을 뗀 지 오래됐지만 나는 CSF 회원사의 업적을 기리는 글을 쓰는 일을 여전히 좋아했다. 2014년 7월 DARPA가 세 기업과 1단계 연구 계약을 맺었을 때, 나는 내 경력의 진로를 바꿀만큼 흥미롭고 새로운 성명서를 작성했다.

CSF는 마스텐 스페이스 시스템즈와 DARPA와의 협력을 축하한다

민간 우주비행 연합은 마스텐 스페이스 시스템즈가 실험 우주선(XS-1) 프로그램의 일환으로 방위고등연구계획국과 협력하게 된 것을 축하한다. 마스텐은 자사의 전문성을 이용해 열흘 동안 10회 비행하며 1.4톤 이상의 탑재 화물을 저궤도로 운송할 수 있는 재사용 가능한 로켓을 개발할 계획이다.

CSF 회장 마이클 로페즈-알레그리아는 "마스텐 팀은 재사용 가능한 수직 이착륙 로켓을 성공적으로 개발했다. NASA의 비행 프로그램에서 이미 여러 차례 비행을 수행한 그들의 경험은 XS-1 우주선 개발에 유리하게 작용할 것이다. 안전하고 신뢰할 만하며 우주로의 일상적인 접근을 가능하게 만들기 위해 노력하는 그들이 가져올 성과가 기대된다"고 말했다.

DARPA는 보잉, 노스롭그루먼 그리고 마스텐 스페이스 시스템즈와 1단계 개발 계약을 체결했다. 경쟁은 치열했다. 사막에 터전을 마련한 작은 기업의 관점에서 보면 이는 골리앗과 다윗의 싸움이나 마찬가지였다. 보다 정확히 말하면 골리앗과 마스텐의 싸움이다. 우주 산업 지도자들의 상당수가 그렇듯 데이브 마스텐[Dave Masten]은 로켓 분야의 타고난 이단아였다. 민간 우주 산업계의 보통 종사자들과 달리 그는 주목받는 자리를 피했다. 인터뷰도 거의 하지 않았으며 자신이 운영하는 기업의 CEO가 아니라 CTO(Chief Technology Officer, 최고기술경영자)라는 직함을 고집했다. 무엇보다도 그는 억만장자가 아니었다. 대신 그에게는 우주 탐사를 향한 오랜 열정이 있었다. 몇 년 동안 취미삼아 어설프게 만지작거린 로켓 엔진을 열광적으로 좋아했으며 IT 네트워크와 소프트웨어 분야에서 성공적인 경력도 쌓았다. 이 같은 성공을 발판으로 그는 2004년에 마스텐 스페이스 시스템즈를 설립하고 이를 통해 우주여행의 진입장벽을 낮춘다는 자신의 꿈을 실현하기 위해 전부를 걸었다. 데이브는 우주왕복선과 민간 여객기를 유지하고 관리하는 엄청난 비용 차이에 초점을 맞추고, 군더더기 없는 운영을 목표로 재활용 우주선을 만드는 데 공을 들였다. 우주 산업의 실리콘밸리라 불리는 모하비 항공 우주기지에 자리한 작업장치고는 매우 초라한 규모였지만, 이 작은 팀이 재사용 가능한 로켓 추진 우주선을 위한, 그리고 새로운 모습으로 선보인 X프라이즈에 도전하기 위한 장소로는 완벽했다.

2009년 NASA는 차세대 달 탐사선 개발을 위한 발판을 마련하고자 노스롭 그루먼과 손잡고 노스롭 그루먼 달 착륙 챌린지Northrop Grumman Lunar Lander Challenge 대회를 열었다. 로켓을 발사하여 수평 비행과 제자리 비행 뒤 정확하게 다른 착륙대에 내릴 것을 요구했다. 이는 마스텐에게 완벽한 기회였다. 그들이 개발한 수직 이착륙 로켓은 이미 안내, 운항, 제어 기능을 갖추도록 설계되었고 팀원들은 이같은 능력 덕분에 로켓이 좁은 불기둥 위로 피루엣(발레에서 한쪽 발로 서서 빠르게 도는 것-옮긴이)을 할 수 있을 거라 기대했다. 모하비 항공 우주기지에서 로켓 추진 동력으로 발사된 마스텐의 XA-0.1B(Xombie)는 하늘 위를 떠돌며 목표물의 몇 센티미터 거리에서 착륙이 가능한지 등의 조건을 전부 완수한 최초의 로켓이 되었다. 하지만 마스텐의 두 번째 로켓인 Xoie는 상금 백만 달러에 달하는 X프라이즈를 따내기 위해선 달 표면을 모방한 바위와 분화구가 있는 모의 비행길을 따라 같은 비행을 수행하는 동시에 로켓의 위험 회피 능력을 증명해야 했다. 이어지는 이야기는 신입사원에게 대대로 전해오는 마스텐 스페이스 시스템즈의 근원설화가 되었고, 전부를 걸 준비가 된 팀의 일원이 되는 일이 얼마나 큰 스트레스와 성취감을 동반하는지 완벽하게 설명해 주었다.

대회 날은 곳곳에서 문제가 발생하기 시작하면서 순탄치 않게 흘러갔다. 우선 Xoie가 시동이 걸리지 않았다. 하지만 더 큰 문제는 추진 연료가 새고 있다는 사실이었다. 억지로 시동을 걸고 백만 달러 상금에 도전할 경우 30만 달러짜리 로켓을 잃을 수 있었으며 실패할 경우 이 스타트 업체의 파산은 분명했다. 기업의 명성답게 팀원들은 전부를 거는데 만장일치로 합의했다. Xoie는 다행히 시동이 걸려 전체 코스를 운항했지만 착륙 직후 산소 탱크에 불이 붙고 말았다. 다행히 심사위원들은 자비를 베풀었고 마스텐에게 다음 날 아침 동이 틀 무렵 한 번 더 비행할 수 있는 기회가 주어졌다. 가뜩이나 수면 부족에 시달리던 팀원들은 12시간 내에 새는 부위를 복구하고 까맣게 타버린 로켓을 수리해야 했다. 그런데 놀랍게도 다른 경쟁 팀들이 이 로켓에 달려들어 밤새도록 수리를 도왔다. '모하비의 기적'이라고밖에 설명할 수 없는 상황이었다. 다음 날 아침 Xoie는 쓰레기통 뚜껑과 포장용 철사로 새는 부위를 막은 채 잿더미에서 솟아올라 매끈한 비행과 완벽한 착륙을 선보였다. 마스텐은 백만 달러 상금을 거머쥐었고, 로켓이 다른 천체에 안전하게 착륙하는 데 필요한 진입, 하강, 착륙 기술을 개발해 상용화하는 과정에서 기여할 수 있음을 증명했다. 이로써 로켓 추진 발사와 착륙의 선두주자로서 마스텐의 명성은 확고해졌고 허접한 스타트업은 모하비 항공 우주기지에서 가장 많은 우주선을 개발한 입주사가 되었다. 로켓이 수직으로만 올라가는 시장에서 Xombie와 Xoie를 비롯한 수많은 X시리즈 로켓은 맞춤 비행 경로를 모의 주행하거나 로켓 동력 조건에서 자신들의 탑재 하중을 시험하려는 고객들을 위해 곡예에 가까운 비행을 수백 번 선보였다. 2010년, Xombie는 더 높은 목표에 도전했다. 공중으로 발사된 로켓은 시동을 끈 채 상공에 잠시 멈춰 섰고 다시 시동을 건 후 공기 중 엔진 재점화를 시도했다. 업계 최초로 이러한 시도를 한 수직 이착륙 로켓이었다. 극적인 시연 장면이 담긴 영상은 NASA와 업계로부터 긍정적인 반응을 이끌어냈다. 일론 머스크 역시 이 영상을 보았고 스페이스X 추진팀, 항공 전자 공학팀, 구조팀에게 이 영상을 공유했다. 마스텐은 암암리에 활동했으나 획기적인 기술을 입증하는 믿을만한 플랫폼이라는 명성을 얻었다.

아직 비공학자로의 한계를 경험해 보지 못한 나는 이미 다음 번 도전 과제를 찾고 있었다. 원래는 이름 있는 회원사들을 눈여겨보고 있었지만, 마스텐 스페이스 시스템즈가 DARPA의 XS-1 프로그램을 성공시키는 모습을 보고 내가 갈 곳은 '바로 거기'라는 확신이 들었다. 1단계 상금인 3백만 달러는 누군가에게는 얼마 안 되는 돈일 수 있었지만 스무 명 남짓한 직원들이 모여 있는 모하비 사막의 소규모 기업에게는 어마어마한 돈이었다. DARPA는 이 투자가 자신들이 가진 능력을 모두 걸고 참가해 이를 입증하는 기업에게 얼마나 큰 영향을 미칠지 잘 알고 있었다. 소수의 인재로 이루어진 마스텐은 겸손하지만 산만하며 극단적으로 효율성만을 추구하기로 유명했다. 마스텐은 억만장자의 후원이 없었기 때문에 필요에 의해서 경제적으로 움직였고 그 지략을 기업의 DNA에 새겼다. 이는 지난 10년 동안 모하비 사막에 터전을 마련했던 수많은 기업들 중 무너지지 않고 계속 버틸 수 있었던 이유가 되었다. 마스텐은 XS-1 어워드가 있기 몇 년 전부터 이미 재사용 가능한 로켓 추진 비행을 성공적으로 시연해 왔다. 그들은 작은 규모 덕분에 소수의 우주비행사가 저렴한 발사 비용으로 빠르게 적하와 재적재를 해야 하는 프로그램을 운영할 때 이점을 누릴 수 있었다. 2014년, 수많은 소기업과 다른 X프라이즈 경쟁자들이 로터리 로켓과 같은 길을 가는 동안 마스텐 스페이스 시스템즈는 살아남았을 뿐 아니라, 이제는 업무 규모를 확대할 기회까지 얻었다. 그동안 CSF를 통해 마스텐의 CEO인 션 마호니[Sean Mahoney]와 업무상 관계를 맺어오던 나는 그가 탐사와 방위 시설을 위해 개발자, 설계자, 실행자 팀을 확대할 예정이라는 계획을 듣자마자 이것이야말로 내가 참여하고 싶었던 미션임을 직감했다. 내가 초라하게 생긴 모하비 본사를 처음 찾아갔을 때, 션은 로터리 로켓에서 만든 (영원히 지상에 머물고 있는) 시험 로켓을 가리키며 실패의 상징이라고 말했다.

"이곳은 절충안이 없습니다. 전부를 다 걸어야죠."

나는 비공식적인 면접 인터뷰를 마친 후, 사막의 오후 열기 속에서 근로 계약서에 서명했다.

모하비 사막이 지닌 매력을 꼽자면 혁신과 타성 사이에서 모순이 발생한다는 것이다. LA에서 북쪽으로 130킬로미터쯤 달리다 보면 눈 깜짝하는 순간 지나쳐버려도 모를 고속도로 출구가 보인다. 이곳을 빠져나와 마을에 가 볼 사람이 있다면 인류가 달성한 가장 엄청난 성과들이 이런 먼지투성이 철도 마을에서 이루어졌다고 감히 상상하지 못할 것이다. 시멘트 블록과 회전초를 지나면 모하비 항공우주기지의 초라한 입구를 알려주는 낡고 헤진 광고판이 나타난다. 백 년 가까이 된 항공계의 독창성을 표현하기에는 다소 절제된 문구 '이곳에서는 상상력의 나래가 펼쳐진다'가 적혀있다.

모하비 특유의 '크게 꿈꾸자'는 사고방식은 초창기로 거슬러 올라간다. 1930년대는 금광 산업을 위한 두 개의 먼지투성이 활주로가 개통되었던 시기다. 시골 사막에 온갖 활기와 낙관주의가 스며들자 1941년 무렵 이 마을은 괜찮은 비행장으로 새 단장을 계획한다. 미국 정부는 보수작업에 필요한 재정 지원에 동의하며 한 가지 주의사항을 내걸었다. 그 조건은 전쟁이 벌어졌을 때 군대가 이 공항을 징발할 수 있다는 조건이었다. 앞을 내다본 듯한 정부의 조건은 계약서 잉크가 채 마르기도 전에 활성화되었다. 진주만 공격이 일어났고, 뒤이어 미국이 제2차 세계 대전에 참전하면서 미국 해병대는 모하비 공항을 예비 항공기지로 바꾸고, 전쟁 물자를 지원하는 3천 명 가량의 비행중대원을 수용할 시설과 막사를 만들었다. 이후 수년간 모하비 사막과 인근의 에드워즈 공군기지 위로 뻗어 있는 한정된 영공은 항공 분야의 수많은 '최초'를 위한 배경이 되었다. 1947년,

척 예거Chuck Yeager는 역사상 처음으로 음속을 초월하는 속도로 수평 비행에 성공한 조종사가 되었다. 그는 모하비 사막 위로 음속 장벽[9]을 깨는 인상적인 비행을 연속적으로 선보였다. 몇십 년 후, 이 음속 폭음(제트기가 비행 중에 음속을 돌파하거나 음속에서 감속했을 때 또는 초음속비행을 하고 있을 때 지상에서 들리는 폭발음-옮긴이)은 NASA 최초 우주왕복선이 지구로 돌아왔다는 사실을 알려주었고, 그로부터 20년 후에 스페이스십 I이 초음속 비행을 선보였다.

민간 우주 산업이 본격적으로 시작될 무렵 모하비에는 이미 아드레날린이 폭발하는 전임자들이 넘쳐났다. 1960년대가 되어서야 지방 자치 정부는 군대로부터 이 공항의 소유권을 되찾고 안사리 X프라이즈가 시행되기까지 수십 년 간, 항공 활동과 겹치는 독특한 활동들이 모하비 사막에 터전을 마련했다. 비행 경주, 비행 시험, 제트 여객기 보관 및 폐기, 심지어 할리우드 스턴트와 차량 추격 신의 촬영 등이 이루어지던 모하비 사막은 한계에 도전하기 위해 허가를 받으려는 새로운 우주 산업의 자연스러운 선택이 될 수밖에 없었다. 기술은 빠르게 발전하고 있었지만 모하비 사막의 다른 부분은 거의 그대로였다. 제2차 세계 대전 당시 사용된 시설들 상당수가 고스란히 자리한 가운데 막사는 상업용 창고와 작업장으로 바뀌었다.

2004년 스페이스십 I이 역사적인 비행을 선보일 무렵, 모하비 공항은 모하비 항공 우주기지로 재단장 했으며 우주 과학의 한계를 뛰

---

9) 음속을 넘으려 할 때 눈에 보이지 않는 벽에 부딪치는 느낌이 일어나는 현상

어넘고 싶어 하는 마스텐 같은 기업을 위해 새로운 간판을 내걸었다. '이곳에서 상상력의 나래가 펼쳐진다'는 단순한 슬로건으로 그치지 않았다. 이는 유산이자 도전 과제였고 모하비의 전 CEO 스튜 위트Stu Witt가 민간 우주비행을 바라보는 태도이기도 하다. 내가 이곳을 처음 방문했을 때 그는 "제가 하는 일은 허가를 내리는 것 뿐입니다. 사람들은 매일 머리 위 하늘과 지상의 우주기지에서 인류의 발전을 위해 어마어마한 위험을 부담하고 있죠"라고 설명했다. 하지만 허가는 굉장히 중요한 일이었다. 물론 모하비 사막은 기업들에게 비행을 위한 최적의 환경을 제공했지만 그들이 공중에서 위험을 감수하도록 해주는 것은 스튜 위트의 리더십 덕분이었다. 10년 넘게 자리를 지킨 그는 민간 우주비행 산업의 열렬한 지지자로 CSF의 의장을 역임하기도 했다. 그는 항공우주산업에 관해 낙관주의자이기도 했지만 현실주의자이기도 했다. 성공한다는 것은 실패도 할 수 있다는 의미였다. 스튜는 허가에는 대가가 따른다는 사실을 처음으로 인정한 사람이었다. 모하비에는 누구나 그 대가를 볼 수 있도록 마련되어 있는 곳이 있다. 래거시 파크 추모 정원에는 최종 한계를 극복하려다 우주기지에서 목숨을 잃은 이들을 기리기 위해 엄숙한 글귀를 새긴 명판들이 놓여 있다. 이 명판에 새겨진 '역경을 넘어 별을 향하여'라는 뜻의 라틴어 'Ad Astra Per Aspera'는 개척지는 용감한 이들의 편임을 엄숙히 상기시키고 있다. 거대한 도약에는 대담한 비전과 리더십이 필요하다. 스튜가 키를 잡고 있는 이곳 모하비 사막에서는 누구나 상상의 나래를 펼칠 수 있었다. 하지만 취직을 위해 모하비 사막으로 가는 사람이 없다는 게 문제였다. 일은 힘들고 조건은 열악하며 급여는 실리콘밸리의 발끝도 못 따라갔다. 우리는 큰 대의를 위해 자신을 희생하며 그 과정에서 우주 계급장을 달기 위해 모하비에 간다. 금광 사업을 시작하려고 모하비에 갔던 초기 기업가들처럼, 전쟁 물자를 지원하기 위해 모하비로 향했던 이들처럼, 나 역시 지금보다 발전할 미래를 실현하기 위해 모하비로 향했다. 이번에는 우주여행을 통해서다.

나의 행보로 내 개인 자문단의 한계가 드러났다. 그들 중 절반은 모하비 사막의 잠재력을 개인적으로도 직업적으로도 엄청난 성장의 기회로 보았지만, 나머지 절반은 밑바닥부터 일하지 않아도 되는 건실한 기업으로 이직하기를 제안했다. 하지만 그 바닥이야말로 내가 우주 탐사에 기여할 수 있는 전략적이고 직접적인 작업 현장이었다. 나는 작지만 다양한 업무를 수행해보고 큰 영향력을 발휘할 수 있는 곳에 합류하고 싶었다. 거대한 우주 산업에 몸담고 있던 비공학자로서 나는 대기업 커뮤니케이션팀이나 비즈니스 개발팀에 들어가는 편이 훨씬 나을지도 모른다. 그러면 하드웨어나 작업장과는 거리가 먼 사무실에 앉아 일하게 된다. 물론 그곳 업무 역시 즐겁겠지만, 다양한 기술을 획득하고 그 한계를 실험해 볼 엄청난 기회를 잃고 만다. 나는 화려한 사무실에 고상하게 앉아 있기보다는 모하비 사막의 흙먼지를 뒤집어 쓰고 싶었다.

어느새 항공 우주기지와 그 옆에 자리한 숙소는 내 집처럼 편안해졌다. 동이 트자마자 업무가 시작되는 직장에서 이보다 편리한 출퇴근은 없었다. 모하비 사막에 자리한 수많은 기업들처럼 마스텐 스페이스 시스템즈의 공식적인 본사 사무실과 창고 역시 1940년에 사용했던 군용 막사 시설을 개조했다. 나의 공식적인 직함은 '비즈니스 개발 전문가'였지만 작은 팀이 그렇듯, 그리고 정확히 예상했던 대로 나는 온갖 다양한 일을 떠맡았다. 사실 나는 그 전 혹은 그 후로도 책상에 앉아 있는 시간이 그토록 적은 일을 해본 적이 없었다. DARPA의 XS-1 프로그램 1단계 계약을 따낸 것도 대단한데, 우리의 초라한 막사 겸 작업장에 고위 군 장교를 초대하다니 몹시 흥분되었다. 하지만 이 점검 회의 외에도 수많은 일들로 내 손과 마음은 바빠졌다. 나는 로켓 창고에서 많은 시간을 보내며 NASA 과학자, 학계 연구팀과 나란히 앉아 과학 탑재 화물을 로켓 추진 착륙선에 통합하는 일을 감독했다. 이는 달이나 화성 표면에 우주선을 안전하게 착륙시킬 때 필요한 안내, 항해, 제어 시스템을 위한 믿음직한 시험대가 될 것이다.

우주선 저장 창고도 흥미롭지만 시험장은 정말 신나는 곳이다. 경고 표시문을 지나 조금 더 가면 신분증을 찍어야 통과할 수 있는 문이 나온다. 우리는 그곳을 지나 발사대 입구로 가서 전용 콘크리트 판까지 우주선을 천천히 끌고 가 몇십 미터 떨어진 벙커 위에 올려놓은 후, 그곳에서 아침 시험 비행 시작을 알리는 안전 브리핑을 시작했다. 모하비 사막에 머무르는 동안 나는 늘 안전이 걱정되었다. 하지만 발가락이 가려진 작업용 부츠를 신고 여러 겹의 옷을 껴입으면 대부분의 부상으로부터 몸을 보호할 수 있었다. 모하비는 북아메리카에서 가장 건조한 사막으로 바닥이 평평하고 사람이 거의 살지 않아 로켓 실험을 하기에 더없이 완벽한 장소지만 다양한 종들이 서식하고 있다. 이곳에서 일하기 시작한 첫 주 동안 나는 〈살아 있는 지구〉와 〈아라크네의 비밀〉에 나오는 장면을 모두 목격했다. 가장 기억에 남는 것은 북아메리카에서 서식하는 전갈 중 가장 큰 녀석(이름하여 '거대한 털복숭이 전갈'이라 불린다)이 나와 몇 미터 떨어진 곳에서 흑색과부거미와 싸우는 장면이었다. 결판이 날 때까지 오래 서 있지는 않았지만, 모하비 사막에 머문 동안 나는 다양한 종들의 전투에 의도치 않은 관중이 되었다. 그때마다 데이브는 '우리가 건드리지 않으면 그들도 우리를 건드리지 않는다'는 평화로운 조언을 건네곤 했다. 사막의 온도는 매일 맹렬한 더위와 냉랭한 추위 사이를 오갔다. 어느 한 쪽이라면 쉽게 적응할 수 있었겠지만 하루에 극단적인 온도차를 전부 경험하는 환경에 익숙해질 때까지 시간이 걸렸다. 열사병이나 저체온증에 걸려도 이상하지 않은 환경에서 선크림, 모자, 여러 겹의 옷과 수분은 언제나 필수였다. 때론 우리를 사막으로 향하게 만든 로켓과 관련된 위험도 있었다. 가연성 연료를 로켓 엔진에 싣는 일이 그런 일 중 하나였다. 로켓에 제대로 불이 붙을 경우, 음속폭음이 허공을 가르면 건물이 흔들렸다.

마스텐의 공공연한 미션은 로켓 비행이 따분할 정도로 일상적이고 정기적으로 일어나는 미래를 구축하는 것이었다. 나는 처음부터 이 비전과 정서에 공감하면서도 로켓 추진 비행을 진부하게 생각하는 날이 결코 오지 않으리라는 것을 알고 있었다. 매일 밤, 나는 잠자리에 들 때마다 경이로운 감정에 사로잡혔다. 내가 진짜 우주기지에서 로켓 다루는 일을 하고 있다는 사실이 믿기지 않았다. 마스텐에서는 전 직원이 모든 분야에 참여하도록 되어 있었다. 나는 비록 공학자가 아니었지만, 미션에 집중하고 행동의 중요성을 높이 평가한다는 데서 동료들과 생각이 같았다. 그러한 점에서 너무 사소한 일도, 너무 벅찬 과제도 있을 수 없다는 나의 익숙한 업무 방식을 그대로 적용할 수 있었다. 방 안에서 가장 똑똑한 사람이 될 필요는 없었지만 늘 열심히 일하는 사람이 되려고 했다. 나는 사업의 우선 과제를 파악하고 이를 위해 필요한 역량을 개발하는 데 전념했다. 우리는 빠듯한 예산으로 로켓을 발사하고 있었지만 션과 데이브는 내가 관심을 보이는 분야에 로켓 과학 지식을 갖추고, 운영 능력을 쌓을 수 있도록 자신들이 가진 모든 능력을 나에게 투자했다. 냉각된 이소프로필기 알코올과 액체 산소가 정확히 어떻게 로켓 엔진을 작동시키는지 더 알고 싶다고 말하자, 션은 다음 날 새벽 나에게 위험물 조작 과정을 보여주었다. 나는 추진제가 어떻게 작용하는지 듣거나 읽는 (혹은 내 분야에서 너무 나가지 말라는 최악의 말을 듣는) 대신 직접 로켓에 그것을 싣는 일을 돕고, 발사대에서 점화가 이루어지는 과정을 지켜보았다. 선은 실제 체험하는 과정을 통해 나의 넘쳐나는 열정을 우주 탐사를 위한 정교한 열정으로 바꿔놓았다. 직원을 위해 자신의 개인적인 것까지 모두 투자하는 태도는 단순히 훌륭한 리더십이라기보다는 반드시 장려되어야 하는 문화적 보석 같은 태도였다. 효율적으로 굴러가는 팀을 만들려면 무엇보다도 전 직원이 결과에 동일한 지분을 갖고, 이를 달성하기 위해 서로에게 투자하는 등 동일한 책임을 갖는 수평적 조직 구조를 구축해야 한다. 나는 아침이면 항공 통제관과 벙커에 나란히 앉아 원격 측정 판독 훈련을 받았고, 오후에는 헬멧의 얼굴 가리개를 조인 뒤 또 다른 동료에게서 놀랍도록 섬세한 티그TIG 용접 작업을 배워나갔다. 직접 기술을 조작하기까지는 오랜 시간이 걸렸지만, 로켓 추진 기체가 모하비 사막 위를 가를 때 내가 저 로켓 추진 기체 중 하나를 만드는 데 일조했다고 자신 있게 말할 수 있다.

나는 공학 팀의 신뢰를 얻기 위한 노력과 함께 나 자신의 강점을 이용할 수 있는 분야의 일도 많이 했다. 바로 스토리텔링 역량과 우리의 기술적인 미션을 대중에게 전달할 수 있는 능력이었다. 덕분에 우리 기업은 언론에서 보다 단단한 입지를 세울 수 있게 되었다. 나는 우리의 이야기를 공유하고 정부, 학계, 산업이 우리의 플랫폼을 이용해 그들의 우주 기술을 향상시킬 수 있는 방법을 상상하도록 돕기 위해 선이 콘퍼런스, 패널, 기조 연설 등의 무대에 서게 했다. 선과 데이브를 설득해 주요 언론과 심층 인터뷰를 진행하는가

하면, 우리의 작업을 보여줄 수 있는 기회를 팀원들에게 준비시키기도 했다. 사람들이 〈스타워즈〉 같은 블록버스터를 볼 때 모하비와 마스텐 같은 기업을 떠올리기를 바랐다. 행성에 정착하고 우주를 확장하는 꿈이 공상 과학 소설에만 일어나는 게 아니라 그토록 담대한 도약의 기반이 바로 이곳 모하비에서 다져지고 있다고, 마스텐 같은 기업은 이미 적극적으로 미래를 설계하고 있다고 알리고 싶었다. 마스텐의 전 직원이 한 때 〈스타워즈〉를 보며 영감을 키웠을 거라는 사실은 모두가 예상할 수 있지만 〈스타워즈〉 또한 마스텐을 눈여겨보고 있었다는 사실은 뜻밖이었다. 모하비 사막에서 가장 좋았던 날 중 하루는 나의 기획으로 조지 루카스의 스카이워커 사운드 팀이 방문한 날이었다. 그들은 우리와 벙커 뒤에 앉아 〈스타워즈 : 깨어난 포스〉 음향 효과로 들어갈 로켓 발사 소리를 녹음했다. 스카이워커Skywalker Ranch 팀은 감사의 표시로 우리에게 짤막한 맞춤 클립을 제작해 주었다. 이 음향은 상상 속의 타이 파이터 엔진 시험에 리믹스 되었고, 두 조종사 간의 음성 대화를 넣어 완성되었다. 전설적인 음향 감독 벤 버트와 하루를 보내며 나는 우리 모두가 매일 모하비 사막에서 무엇을 하는지 확실히 알게 되었다. 우리는 공상 과학을 현실로 바꾸고 있었다.

태양계에 인류의 발자취를 남기는 일이 가치 있다고 생각한 순간부터 나는 개인적으로도 직업적으로도 이 목표를 향해 전념해왔다. 마스텐에서 직업적 측면으로 100퍼센트 전념하여 매일 우리 태양계의 미탐사 구역을 살펴볼 기술을 습득해 나가고 있었지만, 개인적으로 내가 할 수 있는 일이 더 있지 않을까 하는 의구심이 여전했다. 나에게 있는 열정과 적성, 자질을 활용해 깃발을 꽂고 발자국을 남기는 일을 넘어, 인류가 다른 행성에 장기적이고 지속적으로 체류할 수 있도록 하는 일에 기여하기를 바랐다. 살아생전 화성에 남긴 인류의 발자국을 보고 싶고, 그것이 내 발자국이라면 더욱 좋겠다. 하지만, 다음 번 거대한 도약을 위해 필요한 기술을 완벽하게 다듬으려면 갈 길이 한참 남았음을 알았다. 다행히 지구에서는 관련 연구가 진행 중이었고, 나는 다시 한 번 밑바닥부터 직접 이바지할 수 있는 기회를 얻게 되었다. 화성 탐사 연구기지^{Mars Desert Research Station}(MDRS)에서 새로운 직원을 뽑는다는 소식을 들은 나는 마스텐의 지원을 받고 재빨리 짐을 쌌다.

2017년 DARPA는 결국 XS-1 프로그램의 2/3 단계에서 보잉을 선택했다. DARPA의 146백만 달러와 구체적인 금액이 밝혀지지 않은 보잉의 투자가 이루어졌다. 2020년 보잉은 이 프로그램에서 발을 뺐으며 사실상 프로그램은 중단됐다. 마스텐은 계속해서 로켓 추진 착륙 기술에 투자하고 있으며 현재 달에 돌아가려는 NASA의 프로젝트를 지원하는 데 전념하고 있다.

화성에서 제조한
맥주를 마시다

어린 시절부터 스카이다이빙은 내 버킷리스트에서 늘 상위권을 맴돌았다. 결국 스카이다이빙을 하게 되었지만 남은 거라곤 구름 사이로 자유 낙하를 할 때의 짜릿함이 아니라 함께 하자고 꼬드겼던 친구가 벌컥 화를 냈던 기억뿐이다. 친구는 나의 제안을 완강히 거부하며 그런 모험을 도대체 왜 하는지 이해하지 못했다. 완벽하게 안전한 상태의 비행기에서 뛰어내리는 사람이 어디 있겠냐며 화를 냈다. 뭐 괜찮다. 스카이다이빙을 생각할 때 기분이 들뜨거나 겁에 질리는 사람도 있고, 극히 드물지만 그 사이를 오가는 사람도 있기 마련이니까. 나는 우주 정착지라는 주제와 관련해서도 이 같은 상반되는 태도가 존재한다는 것을 알게 되었다. 우주 정착지라는 매력에 푹 빠진 이들도 있었지만, 이토록 완벽한 지구를 떠나는 이유를 이해하지 못하는 이들도 있다. 어쨌든 우리는 태양계에서 가장 훌륭한 해안가를 갖고 있지 않은가! 육지에 두 발을 단단히 딛는다는 게 너무 당연한 일처럼 여겨지겠지만 추락하는 항공기를 떠올린다면 낙하산이 훨씬 더 안전한 대안으로 느껴질지 모른다. 이렇듯 모든 종이 운명을 다할 수밖에 없는 행성에 탑승하고 있다는 사회적 인식이 높아지면 우주정거장의 매력 역시 높아질 것이다. 우주로 나아갈 힘을 개발하지 않고 지구에 남을 경우, 우리는 멸종할 수밖에 없다. 지구에 불이 나기 전에 태양계에 우리의 발자국을 남길 방법을 찾아야 한다. 나는 이 시급한 질문을 스티븐 호킹 박사에게 한 적이 있다. 탐험가 클럽 연례 만찬에서 기조 연설을 하던 그에게 우주 탐사와 정착지의 중요성에 대해 어떻게 생각하는지 물어보았다. 조심스럽고 신중하게 고른 단어가 그의 음성 합성 장치를 통해 흘러나왔다.

"지구라는 행성을 떠나지 않는 것은 무인도에 갇힌 조난자가 탈출할 생각이 없는 것이나 마찬가지입니다. 인간을 다른 행성에 보낼 수 있다면 정확히 알 수는 없지만 어떤 방식으로든 인류의 미래가 결정될 것입니다. 우리에게 미래가 있을지 여부가 아예 판가름 날지도 모르죠. 그리고 소행성이 지구와 충돌하게 되어 있다면 브루스 윌리스도 우리를 구하지 못할 겁니다."

세상에서 가장 유명한 물리학자는 자신의 관점을 공유하게 되어 정말 기뻐하면서도 씁쓸하게 덧붙였다. 스티븐 호킹 박사가 인류의 미래를 비관한다는 뜻이 아니다. 오히려 정반대에 가깝다. 그는 우주의 아름다움과 경이로움을 탐구하는 데 수십 년을 바친 사람이다. 지구라는 행성이 언젠가 생명을 지원하는 일을 멈출 거라는 과학적 사실을 밝힌 수많은 사람 중 한 명이다. 이 같은 미래가 아직 한참 멀었거나 예상보다 훨씬 더 빨리 다가올 수 있지만 한 가지 사실만은 확실하다. 우주 정착지를 구축하지 못할 경우 인류에게 미래는 없다는 사실이다. 스티븐 호킹 박사가 밝혔듯 소행성 하나만으로도 인류는 전멸할 수 있다. 그는 지구가 운 좋게 그러한 운명을 피할지라도 결국 지금으로부터 수십억 년 후에는 소멸하는 우리의 태양이 마지막 핵연료를 다 써버린 뒤 적색 거성으로 팽창해 지구를 뒤덮으면서 지구상의 식물과 동물이 전부 멸종할 거라고 설명했다.

"저를 믿으세요, 그러한 일이 일어날 때 저는 여기에 있고 싶지 않아요."

그는 이렇게 농담처럼 말했다. 아직 말도 안 되게 먼 미래처럼 보이지만 생각보다 훨씬 빨리 상황이 악화될 수 있다. 지구의 온도는 계속해서 상승하고 있으며 가장 먼저 희생될 종은 식물이다. 공기 중에 수분이 부족하다는 사실을 감지한 식물은 역설적이게도 이산화탄소를 덜 흡수하면서 광합성 연료를 효과적으로 제한하고 이로써 우리의 탄소 배출은 가속화될 것이다. 식물이 위협을 받으면 그들에게 식량과 산소를 의지하고 있는 우리 인간을 비롯해 동물의 삶 역시 위험에 처한다. 이 역시 태양이 장기적으로 소멸한다는 사실과 관련 있는 현상으로 우리는 다음 몇 세기의 가까운 시간 내에 일어날 수 있는 일은 아직 살펴보지도 않았다. 스티븐 호킹 박사는 생태계의 완전한 붕괴와 핵전쟁 외에도 전염병이라는 또 다른 중대한 문제가 있다고 말했다. 2020년까지 살지 못한 그는 전 세계적인 유행병 앞에 우리가 얼마나 빠르고 완전하게 무릎을 꿇게 되었는지 보지 못했지만, 그 모습을 보았더라도 그리 놀라지 않았을 것이다. 그는 "우주 프로그램은 어찌 되고 있나요?"라는 질문을 하기도 전에 세계 정세에 대한 나의 생생한 진술에 귀 기울였을 것이다.

우리가 통제할 수 없는 이 같은 사건들을 제외하더라도 우주시대가 도래한 지금, 인류가 전멸할 확률이 그 어느 때보다도 높다는 사실은 끔찍한 역설이 아닐 수 없다. 인류 역사에 등장한 이 유일무이한 기회, 45억 년 만에 처음으로 다른 행성에서 살 수 있게 된 기회를 활용해야 하는 더욱 확실한 이유다. 인류는 단순한 생존을 넘어 번영하고 번창할 수 있다. 우리는 우주 탐사를 하는 과정에서 창출될 혁신과 지식, 기술 발전, 자원 보충, 새로운 경제 기회를 통해 지구에서 누릴 삶의 질을 높여야 한다.

민간 우주비행 산업에서 일하면서 나는 우주 정착지는 공학적인 문제라기보다는 경제적인 문제에 가깝다는 사실을 알게 되었다. 풍부한 자원과 온갖 미사여구 덕분에 미국은 달에 진출할 수 있었다. 자본과 대중의 지원, 공학적 역량으로 우리는 다른 행성에서의 삶을 가능하도록 만들 수 있다. 국가적 약속, 공공 지원과 자금, 심지어 법적인 명료함조차 확보하기 쉽지 않지만 도전하려는 이들은 차고 넘친다.

우주 정착이라는 야망은 수많은 우주 프로그램과 기업, 개인, 비영리 단체들을 사로잡고 있다. 가장 오래되고 영향력 있는 지원 활동을 펼치고 있는 단체 중 하나는 화성 탐사 및 정착지 개발에 전념하고 있는 국제적인 비영리 단체 화성 협회Mars Society다. 이 단체는 달이나 궤도를 선회하는 우주 정착지 대신 화성에 최초의 인류 정착지를 마련해야 한다고 적극 주장한다. 화성 협회를 설립한 로버트 주브린Robert Zubrin 박사는 오래 전부터 화성에는 우리가 생명을 유지하기 위해 이용할 수 있는 원자재와 에너지원이 풍부하다고 주장해 왔다. 화성에는 질소와 탄소는 물론 얼음과 액체 상태의 물이 존재할 가능성도 있다. 가장 매력적인 부분은 화성의 대기일 것이다. 얇기는 하지만 이 대기는 최소한 태양 표면의 폭발을 비롯해 우주 내에 존재하는 온갖 위험 요소를 막아주며 우주 정착지의 실질적인 에너지원으로 태양열을 사용할 수 있을 만큼 충분히 많은 빛을 흡수하고 있다.

하지만 화성의 환경은 일반적으로 우주가 그렇듯 인간에게는 아주 위협적이다. 인간의 저궤도 우주비행은 매년 발전하고 있지만, 밴앨런대(Van Allen Belt, 지구 자기장에 의해 에너지가 높은 하전입자가 갇혀 있는 지구 주변 도넛 모양의 구역-옮긴이)를 통과해 저궤도 너머에서 보낸 최장 기록은 아폴로 17호가 머문 12일에 불과하다. 게다가 로봇이 화성에 도달하는 데에는 넉 달에서 열 달 정도 걸리며 이동하는 내내 위험한 방사선에 잔뜩 노출될 수밖에 없다. 민간 우주비행 산업의 혁신으로 이동 시간을 현격하게 줄일 수는 있겠지만 안전하게 도착한다 해도 화성에서 방출되는 방사선은 위험한 수준이다. 기온이 치명적으로 낮아질 수도 있고 이산화탄소로 가득한 얇은 대기는 노출될 경우 목숨을 앗아갈 수 있는 등 걱정거리는 넘쳐난다. 화성에서 살아남기 위해서는 복잡한 생명 유지 장치와 자원 처리 시스템이 필요하다. 물이나 토양처럼 화성에서 구할 수 있는 물질을 확보하고 활용하는 것이 이상적인 방법이다. 그렇기는 하지만 태양계 내에서 기온과 일광 조건이 그 어느 곳보다 지구와 가까운 곳은 화성이다(공학적으로 훨씬 풀기 어렵긴 하지만 금성의 구름 마루를 제외하고).

우주 정착지를 처음 연구할 때만 해도 나는 불가지론자였다. 나는 이 목표가 실현되는지 보고 싶을 뿐이었다. 행성 간 생활이 가능한 이 유일무이한 기회를 목격할 수 있는 시대에 살고 있어서 행운이라고 생각했다. 하지만 앞서 기술한 실재하는 위험 때문에 이 기회가 영원히 열려 있지만은 않을 것이며, 마지막 순간까지 기다리기만 할 수는 없다. 우리 앞에 바로, 여기 지금 당장 기회가 있기에 우리는 이 시대에 부응해 인류의 천문학적인 궤적을 마련하기 위한 기초 작업에 착수해야 한다. 우리의 다음 번 기대한 노약은 인류 문명이 태양계에 대담하게 발을 내딛는 일일 테지만, 최초의 작은 도약은 지금 이곳 지구에서 우주의 환경을 모방한 유사 환경에서도 일어나고 있었다.

우주여행도 쉽지 않은 일이지만 우주에 머무는 일은 더욱 어렵다. 궤도 내든 달이든 화성이든 초기 정착민들은 육체적으로 정신적으로 정서적으로 지구 밖에서의 삶에서 일상적으로 마주할 난관에 대비해야 한다. 다행히 우리가 살고 있는 지구는 지질학적으로 다양한 지형을 품고 있어 우주비행사가 우주에서 필요할 장비와 절차, 특징을 실험할 수 있는 유사 환경을 충분히 제공할 수 있다. 소위 아날로그 환경이라 불리는 이 방식이 새롭지만은 않다. 아폴로 우주비행사들은 달로 떠나기 전 북부 아이슬란드의 작은 어촌 마을에서 몇 주를 보내며 그곳에서 달 표면과 비슷한 현무암 대지에서 암석 샘플을 수집하고 사진 찍는 연습을 했다. 이 같은 현장 훈련은 이론적 학습을 보충하는 전술로, 그들은 과학적 임무를 완수하는 데 필요한 물리적 절차를 완벽하게 연습할 수 있었다. 아폴로 우주비행사들은 아이슬란드 외에도 애리조나의 신더호수 분화구 현장, 그랜드 캐니언, 심지어 하와이의 화산성 산맥 등 척박한 달의 환경을 모방한 온갖 지형에서도 훈련받았다. 물론 아폴로 임무는 왕복으로 계획되었기에 아날로그 환경 준비는 우주비행사들이 달 표면에서의 제한된 시간을 최대한 활용할 수 있도록 지질학적 현장 훈련에 한정되었다. 하지만 최근 들어 NASA와 민간 분야가 우주에 보다 영구적인 인류 정착지를 마련할 구상을 하면서 아날로그 환경 연구는 훨씬 더 광범위한 훈련을 포함하도록 진화하고 있다. 하와이, 유타, 텍사스, 남극의 외진 지역과 심지어 수중 시설에 이르기까지 연구진은 폐쇄적인 거주공간에 몇 주, 몇 달, 혹은 몇 년 동안 스스로를 격리시키며 우주 정착지와 장기 체류 우주여행의 가장 일상적인 측면을 모방하도록 설계된 모의실험을 수행한다.

화성 협회는 자체적으로 소유한 화성 탐사 연구기지(MDRS)를 운영하고 있으며 이 원형 실험실은 유타주 산 라파엘 사막 깊은 곳에 위치해 있다. 천년 된 산화철 먼지 때문에 울퉁불퉁하면서도 아름다운 암석층이 붉게 물들어 있는 곳이다. 이 극적인 풍경은 화성과 양식이나 지질학적으로도 비슷하기 때문에 2001년 이후 수많은 국가 우주 기관과 과학자들이 이곳 시설을 이용해 화성 현장 연구를 실시하고 있다. 이 기지는 화성에서의 삶을 모의실험하기 아주 적합한 환경을 제공하며 원형 실험실은 지구 밖에서 생존할 수 있는 인간의 능력치를 높이려는 연구진들의 중요한 과학적 기반이 되고 있다. MDRS는 주요 거주지(Hab) 외에도 장비가 갖춰진 두 개의 관측소, 아쿠아포닉스(물고기와 작물을 함께 길러 수확하는 방식-옮긴이)와 재래식 성장 시스템을 모두 갖춘 기후 제어 그린햅GreenHab, ATV와 로버[10] 수리 및 유지를 위해 낡은 치누크 헬리콥터로 만든 모듈, 지오데식 돔으로 개조한 과학 실험실을

---

10) 외계 행성의 표면을 돌아다니며 탐사하는 로봇

자랑한다.

화성에 거주지를 마련하기 위해서는 몇 가지 단계가 필요하다. 우선, 장비와 공급 물품을 정착지로 운송하기 위해 수많은 선행 로봇 임무가 필요하다. 로봇 조립은 물론 화성의 원자재를 이용해 초기 화물 미션을 위한 착륙대를 건설하는 로봇도 필요하다. 지구에서 운반될 장비 가운데에는 약, 도구, 보존 식품, 생명 유지 장치 등이 있다. 또한, 자급자족을 위해 재생 가능한 화성의 원자재(질소, 이산화탄소, 먼지, 얼음)를 사용 가능한 자원(물, 비료, 메탄, 산소)으로 바꾸는 기술도 개발해야 한다. 공기나 식품과 마찬가지로 물은 큰 문제다. 보통 일인당 수분 섭취를 위해 하루에 평균 2리터의 물을 소비한다. 하지만 우리는 목욕하고 빨래하고 설거지하고 화장실 물을 내리는 등 일상적인 활동을 하는 데 하루에 거의 400리터의 물을 소비한다. 화성에서는 그 정도로 많은 물을 사용할 수 없다. 지구에서 자원을 공급하는 방법은 너무 큰 비용이 수반되기 때문에 초기 정착민들은 물과 산소를 재활용해야 하며 (혹은 화성에 존재하는 자연적인 형태에서 변형시켜 이를 획득해야 하며) 소중한 자원처럼 다뤄야 할 것이다. 초기 정착에는 기본적인 전력도 필요하다. 화성의 환경은 척박하다. 위협적인 환경에 대응하기 위한 시스템을 강화함으로써 우주비행사들이 우주복을 입고 밖으로 나가 수리를 하는 등의 활동을 최소화해야 한다. 태양열 발전으로 전기를 생산할 수 있지만 사나운 먼지 폭풍이 태양빛을 차단할 때를 대비해 에너지를 저장해둬야 한다.

초기 탐험대는 커뮤니케이션 역시 기대하기 어렵다. 화성에서 빛의 속도는 제한적 요소이며 궤도 위치에 의존하는 화성과 지구 간의 단 방향 커뮤니케이션은 기껏해야 3분에서 22분 정도밖에 이루어질 수 없다. 향후 인공위성단은 이 같은 문제를 해결할 수 있을지 모르지만, 그때까지 지구와의 소통은 고르지 못할 가능성이 크다. 전화 통화나 영상회의 같은 실시간 소통은 현재 기술로는 아예 불가능하다. 결국 스스로 알아서 헤쳐나가야 한다. 그곳에 정착할 우주비행사는 의료 문제든, 기술 문제든 언제 일어날지 모르는 모든 문제를 해결할 수 있는 만능 재주꾼이 되어야 한다. 선행 로봇 임무는 초기 식민지를 설립하는 데 확실히 도움이 되겠지만, 인류의 화성 정착 미션은 한계를 극복하려는 노력들이 가져올 결과를 염두하고 접근해야 한다. 다시 말해 사람들은 화성에서 죽을 것이다. 누군가는 자연사로, 누군가는 한계에 도전하다가 죽음을 맞이한다. 가장 큰 적응을 필요로 하는 부분은 사회적, 심리학적인 측면이다. 우주비행사들은 지구를 비롯해 다른 사람들과도 단절된 환경에서 자연과 날씨, 신선한 공기 같은 편안하고 익숙한 환경에서 벗어난 채 생활해야 한다. 견딜 수 있다고 해도 그다지 달갑지 않은 환경이다. 다행히 지구에는 새로운 영역을 개척하고 후세대를 위해 보다 안전하고 편안한 길을 구축한다는 큰 목표를 위해 사소한 희생을 감내할 대범한 탐험가들이 많다. 레이건 대통령이 말했듯 겁쟁이들은 한계를 극복할 수 없다.

MDRS는 인적이 드문 곳에 있다. 유타 주 사막이라면 외진 곳일 거라고는 생각했지만 연구시설로 향하는 길이 사륜구동 자동차와 독립 실행형 GPS, 뒤죽박죽 흩어진 바위 주위로 꼬불꼬불하게 나 있는 흙길을 비출 수 있을 만큼 충분한 일광이 필요한 곳일 줄은 몰랐다. 휴대전화 서비스의 마지막 안테나가 아예 사라지고 나자 저 멀리서 흰색 기둥이 솟아오르는 장면이 얼핏 보였다. 붉은 협곡 때문에 상대적으로 왜소해 보이는 110제곱 미터(약34평) 짜리 이 2층 원통형 구조물이 바로 MDRS였다. 마스텐에서는 화물과 보급품 그리고 결국 인간을 먼 훗날 정착지가 될 곳으로 실어 나르는 데 필요한 기술을 완벽하게 익히는 일이 나의 임무였다. 이곳 MDRS에서 나는 화성의 초기 정착민들이 겪을 삶의 부침을 직접 경험할 터였다. 국제적인 우리 연구팀에는 민간인을 비롯해 JAXA, NASA, 학계, 민간 기업에서 온 과학자들이 포함되었다. 교육자, 외상외과 의사, 의무후송헬기 조종사, 미생물학자로 이루어진 우리 팀은 몇 주에 걸쳐 화성에서의 삶을 모의실험 할 예정이었다. 110제곱 미터밖에 되지 않는 거주 시설에 다 같이 머물며 위협적인 환경 속에서 최선을 다해 생활해야 했다. 우리는 다양한 배경과 연구 관심사를 가지고 유타에 모여 살아있는 동안 우주 정착이 달성 가능하다는 믿음과 이 분야에 기여하고 싶다는 공통된 욕망을 기반으로 화성 순례를 떠났다. 그렇기는 하지만 좁은 공간에서 조화롭게 살며 일하기 위해서는 엄청난 노력이 필요했다. 합의를 도출하는 첫 연습으로 우리는 아날로그 모의실험 체류에 어떻게 접근해야 할지 단체 토론을 했다. 한 가지 선택은 완벽한 모의실험이라기보다는 현실에 살짝 발을 담근 상태로 진행하는 것이었다. 보다 극단적인 또 다른 선택지는 불신을 완전히 제쳐두고 열악한 환경의 한계를 존중하며 우리를 지구로부터 고립시키는 것이었다. 우리는 만장일치로 후자를 선택했다. 우리는 어떠한 환경에서 시뮬레이션을 중단할지, 어떠한 종류의 의학적 사고가 진짜 응급상황에 해당할지 논의했다. 우리 가운데에는 현장에서 의료 서비스를 제공할 외상외과 의사가 있었고 대부분 기본적인 응급 처치는 할 줄 알았기에 사지 절단, 의식 불명, 인명 손실을 응급 상황의 기준으로 삼았다. 물론 그러한 일이 발생하지 않기를 바랐다.

우리의 하루는 꼼꼼히 계획되었다. 잡일과 유지관리 업무를 번갈아가며 처리한 뒤 마침내 자신만의 작은 방으로 올라갈 때면 다들 지쳐 있었다. 이 작은 방은 그래봤자 오목한 수면 공간에 선반과 책상이 다였지만 말 그대로 서로의 머리 위에 얹혀 살고 있는 삶이 지나치게 부담스러울 때 숨어들 수 있는 유일한 개인 공간이었다. 우리는 잘 지냈지만 일곱 명의 성인이 작은 아파트에서 살고 일할 때 겪을 수밖에 없는 마찰을 경험하기도 했다.

짐을 싸는 일도 쉽지 않았다. 화성 여행에 무엇을 챙겨야 할까? 나는 모의체험을 존중하는 의미에서 연구 장비 외 일기, 꽉 채운 전

자책 단말기, 아기 물티슈 수백 장, 사막의 매서운 추위에 대비하기 위해 비행복 아래 겹쳐 입을 얇은 옷들 정도로 개인 물품을 최소화했다. 나는 자그마한 초콜릿 바를 몰래 챙기기도 했는데 이 달콤한 금지품은 여섯 명의 낯선 이들 속에서 홀로 보내게 될 생일에 몰래 음미할 생각이었다. 가족, 친구들과 떨어져 지내는 것이 가장 큰 고통이었다. 혼란스러워도 나를 지지해주는 약혼자에게 내가 몇 주 동안 정확히 어디로 사라지는지 친구들에게 설명해야 하는 임무를 남겨두고 집을 떠났다.

예상대로 화성에서의 삶은 고되었다. 첨단 실험실 장비 말고는 햅의 시설은 열악했고, 우리는 지구에서 완전히 고립되었다. 사막 쥐가 천장 기둥을 발톱으로 긁는 소리만 들릴 뿐이었다. 셋째 날 밤, 우리는 이 여덟 번째 식구에게 '머피'라는 이름을 붙여주었다. 삐끗해서 일이 잘못 돌아갈 수 있는 일과 실제로 그렇게 된 일을 기리기 위함이었다. 이곳에 정착한 후 우리는 전력과 연료, 통신이 완전히 끊겼다. 이 같은 막대한 상실은 화성에서 경험하게 될 상황과 동일했다. 화장실, 냉장고, 양수기를 비롯해 온갖 것들이 외부 세상과 단절되면서 우리는 자립해야 했다. 직접 간이 화장실을 만들고 물을 배급했으며 우주비행 관제센터와 소통하기 위해 로버를 임시 발전기로 바꿔 저장된 태양열을 마지막까지 사용했다. 우리는 이 모든 임무를 우주복을 입은 채로 진행했다. 그곳에 머무는 내내 인터넷 접속은 불안정했고 최악의 경우 아예 불가능했다. 하지만 부족한 물

공급으로 인한 긴급 상황에 비하면 전기를 잃는 일은 아무것도 아니었다. 비상으로 비축해 놓은 물은 식수와 동결 건조 식품을 원상태로 돌리는데 사용하는 등 엄격한 기준을 시행했다. 목욕은 아기 물티슈로 했고 어쩌다가 샤워를 할 경우 몇 분이 아니라 몇 초 만에 끝내야 했다. 생활 조건은 힘들었지만 쥐를 제외하고는 화성의 초기 방문자로서 겪게 될 경험과 유사한 상황을 연출할 수 있었다. 우리는 기대치를 낮춰야 했다. 작은 국가 전체의 우주 계획에 해당할 만큼 수많은 연구 프로젝트로 무장한 채 이곳에 왔지만 생존하기만으로도 얼마나 많은 에너지와 노력이 필요한지는 과소평가했다.

일상의 기본적인 생존 규칙을 제어할 수 있게 되자 우리는 마침내 저마다 이 자리에 있게 해준 연구에 관심을 돌릴 수 있었다. 3D 프린팅이 가능한지 증명하는 일은 나의 연구 목표 중 하나였다. 살면서 겪게 될 온갖 상황에 필요하다고 생각되는 도구를 전부 챙기는 것은 불가능했기에 나는 초기 정착민들이 지구 밖에서 창의적인 도구를 만들 수 있는 능력을 갖추는 것이 얼마나 중요한지 보여주고자 했다. 이를 위해 나는 작은 3D 프린터를 챙겼다. 전력이 복구되자 내가 가장 먼저 한 일은 쥐덫을 프린트하는 일이었다. 화성에서 필요할 거라고는 생각지 못한 도구였다. 3D 프린터 외에도 나는 파이널 프런티어 디자인Final Frontier Design에서 만든 우주복 시제품도 가져갔다. 선외활동이나 우주 유영을 하면서 테스트해 본 우주복이었다. 이 지역의 천연자원을 살피면서 우리는 초기 정착민들이 의존할 현지 자원 활용 기술을 연마했다. 햅을 나서는 순간 실제로 모의 체험이 시작되었다. 유타 사막에서 우리는 호흡을 할 수 있었지만 그곳의 공기에 노출될 경우 죽는 것처럼 행동했다. 그러한 위험에 대비해 우리는 선외활동 체크리스트를 꼼꼼히 살폈다. 장비와 헬멧 봉합 부위, 생명 유지 장치, 무전 장치를 두 번 세 번 점검했으며 화성의 표면에 들어가기 전 에어 로크의 3분 가압 사이클을 준수했다. 선외활동은 여가 활동이 아닌 보수나 연구에 한정했고 밖으로 나갈 때면 둘이나 셋이서 짝을 지어 나갔으며 최소한 두 명의 인원이 햅에 남아 밖으로 나간 동료의 경로와 생체 신호를 살펴볼 수 있도록 했다. 밖으로 나가면 늘 똑같은 무전으로 시작했다.

"햅, 여기는 EVA 149-3이다. 6밀리바 압력을 육안으로 확인했다, 오바."

"EVA 149-3, 여기는 햅-액추얼이다. 알았다. 나가도 좋다, 오바."

화성 환경은 많은 부분이 모의 상황이었지만 과학 연구는 완전히 현실적이었다. 우리는 몇 번의 선외활동을 통해 햅 주위 사막에서 지의류 군락[11]을 찾고 샘플을 수집했다. 빙상이나 새로운 육지가 형성될 때마다 가장 먼저 그곳에 뿌리를 내리는 지의류는 지구에서 가장 강인한 유기체에 속한다. 실험실에서 우리는 원심분리기를 이용해 지의류 샘플을 분류한 뒤 시퀀서[12]를 사용해 극한 미생물과

---

11) 균류와 조류가 복합체가 되어 살아가는 공생 생물
12) 염색체의 염기서열을 분석하는 기계

시아노 박테리아를 더 자세히 확인했다. 연구 결과에 따르면 시아노 박테리아는 광합성을 좋아하는 성향 덕분에 화성에서 지구 같은 환경을 조성하는 초창기 노력에 도움이 될 수 있다고 한다. 그들은 화성의 혹독한 환경에서 홀로 살아남을 수는 없지만 회복력이 뛰어난 지의류 군집이 해로운 자외선으로부터 보호해 줄 따뜻한 외피를 제공해줄 수 있었다. 가장 유용한 물질이 무엇일지 판단하고 미생물 샘플을 채집하기 위한 광범위한 지질학적 연구를 수행한 것 외에도 우리는 더러운 세탁물을 처리해줄 새로운 오존 세탁 시스템을 시험하고 독창적인 항공사진 기술을 평가했으며 심지어 깨끗하고 재생 가능한 단백질원으로서 맛 좋은 곤충에 초점을 맞춘 식이성 연구를 수행하기도 했다. 우리는 비교적 아무 맛이 안 나는 귀뚜라미 가루가 거부감이 가장 적어 단백질바로 사용하기에 완벽하다는 사실을 발견했다. 끓인 얼룩말거미 같은 보다 이국적인 종은 차마 입에 넣고 싶지 않았다.

새로운 승무원 교대가 시작될 무렵, 나는 스물여섯 살 생일(화성 나이로는 13.8년)을 맞이했다. 화성에서의 파티는 유일무이한 경험이었다. 동료들은 나에게 생일 축하 노트를 써주었고 나를 잡일에서 제외해 줬으며 마카로니와 복원시킨 치즈로 생일 축하 저녁상을 차려주었다. 생일 선물로 우리가 수행 중인 식물 생육 연구 대상 중 두 식물에게 이름을 지어주는 영광을 누리기도 했다. 그날 밤 그린 햅에서 우리는 두 식물에게 로젠플랜츠Rosenplantz와 길든펀Gildenfern이라는 이름을 붙였다.

우리는 팀 전체 과제의 일환으로 NASA가 지정한 화성 토양에서 수수 씨와 홉 뿌리줄기가 생존할 수 있는지 조사하기 위해 거의 20킬로그램에 달하는 화성의 표토와 유사한 흙을 유타로 운반했다. 우리가 이 농작물을 선택한 데에는 몇 가지 이유가 있다. 공식적인 이유는 수수가 물을 별로 필요로 하지 않는 데다 영양가가 높은 작물이며 홉은 약초로 사용할 수 있어서 화성으로 가져가기에 적합한 후보군이기 때문이다. 사람들이 더욱 관심을 가질 만한 이유는 맥주의 세 가지 성분 중 두 가지이기 때문이다. 효모는 이미 우주에 보낸 적이 있던 터라 우리가 수수와 홉을 발아시키고 뿌리를 내리게 할 수만 있다면 화성에서도 맥주를 만들 수 있다. 우리가 실험한 식물들은 화성의 토양에서 무럭무럭 자랐다. 교대가 끝나갈 무렵 우리의 홉은 싹트기 시작한 나뭇잎으로 가득해졌다. 흥미로운 결과였다. 일반적인 양조 과정 끝에 꽤 그럴 듯한 우주 맥주가 한 통 나왔다. 화성에 정착하는 온갖 난제 속에서 차가운 맥주를 마실 수 있는 것은 초기 삶을 살짝 매력적으로 만드는 작은 위안이라 할 수 있었다. 이 '맥주 제조 연구'는 언론의 많은 관심을 샀다. ABC 〈60분〉에 보도된 것은 물론, 영국 코미디언 칼 필킹턴은 명예회원으로 초대되어 자신의 쇼 〈해외의 얼간이〉를 이곳에서 촬영하기도 했으며 수많은 잡지와 방송국에서 인터뷰 요청이 들어왔다. 놀랍게도 《플레이보이》에서도 특집 요청이 들어왔는데 당황하면서도 어깨가 으쓱했던 나는 기사에 관한 내용이 전부라는 걸 알고는 한껏 높아진 콧대가 꺾이기도 했다. 우주복을 입고 바이저를 내린 내 사진이 함께 실렸는데 이 잡지에 실린 사진 중 옷을 제대로 차려입은 여성은 내가 처음이 아닐까 싶다.

화성 연구의 성공은 신나는 일이었지만 소중한 교훈을 안겨준 경험이기도 했다. 우주에 정착하기 위한 능력을 확보하는 데 있어 가장 중요한 요소 중 하나는 자원 관리였다. 수도꼭지를 틀 때마다 콸콸콸 쏟아지는 물소리를 들으며 나는 우리가 지구에서 일상적으로 얼마나 많은 물을 사용하는지 그리고 낭비하는지 분명히 깨닫게 되었다.

이 경험을 통해 장기 우주비행과 정착지 미션 관련해서는 적성이 특정한 기술보다 중요한 요소라는 사실을 깨닫기도 했다. 우주에서 생존하려면 다양한 전문 분야에서 광범위한 훈련 등 힘든 노력이 필요하지만 이와 같은 의학이나 공학 지식은 배우면 된다. 나는 이번 경험을 통해 무엇보다 후보자들이 갖춰야 하는 심리적, 정서적 강인함, 대인관계, 개인적 가치관, 갈등 해결 능력 등 눈에 보이지 않는 것들을 새롭게 이해했다. 비관주의적이고 사사건건 시비를 걸며 자기중심적이고 무례한 사람과 심우주 미션에 함께하고 싶은 사람은 없을 것이다. 아주 오래전 저궤도에 진입하기 위해서는, NASA가 판단하기에 군사 시험 비행 조종사만이 지녔다고 믿는 강인한 결단력이 요구됐다. 따라서 초기 우주비행사 수업과 대중의 상상력을 지배한 것은 그러한 역량이었다. 하지만 우주 정착지를 구축하기 위해서는 완전히 다른 성향의 다양한 후보군, 다른 직원들과 잘 어울릴 만한 이들을 살펴봐야 했다. 우리는 죽기 전에 태양계에 인류가 정착할 수 있다는 목표, 우리 각자가 전념한 목표가 달성 가능하다는 확신을 품은 채 MDRS를 떠났다. 우리에게는 인류의 우주 탐사 역량을 증진시키는 데 전념하는 것 외에도 또 다른 공통점이 있었다. 기회가 된다면 모두가 직접 뛰어들 생각이었다. 이는 꼭 비현실적인 것만은 아니다. 우리는 모두 마스 원Mars One에 지원서를 제출했다. 논쟁의 중심에 있던 마스 원은 화성 정착을 목표로 인류 네 명을 편도로 화성에 보내겠다는 포부를 밝힌 비영리 기업이다. 우리는 이 프로그램이 현실화될 확률은 극도로 낮다는 데 동의했지만 인류가 이 목표를 향해 실질적인 발전을 이뤄야 한다는 데에도 생각을 같이 했다. 우리는 이를 산업화하려는 조직의 이야기에 귀 기울일 준비가 되어 있었다.

우주 정착을 위한
다양한 시도와 요란한 논쟁

마스 원의 소식을 처음 접했을 때 나는 강한 호기심을 느꼈다. 여기에는 영구적인 우주 정착에 관한 아주 중요한 대화를 진행하는 미디어 조직이 있었다. 자세히 살펴볼 만한 가치가 있어 보였다. 그리하여 나는 이 기업에 영상과 개인적인 에세이, 소소한 참가비를 보내 20만 명에 달하는 전 세계 사람들의 행렬에 동참해 보기로 했다. 이 단체가 실제로 그러한 여정을 떠날 수 있을 거라 생각하지 않았지만, 전 세계적인 대화를 이끌어내 조금이라도 가시적인 성과를 얻는 게 아무 일도 안 하는 것보다는 낫다고 생각했다. 마스 원은 사실 항공 우주기업이 될 생각이 없어 보였다. 그들은 독점 미디어를 전제로 방송권 판매를 통해 수십억 달러의 사업을 성사시키려는 비영리 단체의 초신성이었다. 마스 원이 최초로 인류를 화싱에 보내는 장관을 연출할 경우, 애초에 그들을 그곳에 보내는 데 필요한 하드웨어를 지불할 만큼 충분한 자금을 모을 수 있을 거라고 생각했다. 나를 비롯한 MDRS 동료들은 이 같은 생각에 크게 공감했다. 우리는 화성에 인류 정착지를 마련하는 목표를 가로막는 가장 큰 장애물은 경제적인 부분이라고 생각했다. 이 계획은 수많은 비판에 직면했으나, 화성 이주를 비웃는 것은 부적절하다고 생각했다. 언론은 화성에 인류를 보내는 일의 가능성을 무시한 채 편도 이주 미션에 지원하려는 이들이 정신나간 짓을 한다는 식으로 초점을 맞췄다. 마스 원이 특정한 성과를 거둘 거라고는 생각지 않았지만, 대화의 방향을 바꾸는데 도움이 될 기회에 40달러는 합리적인 금액이라고 생각했다. 나는 20만 명의 지원자에서 5천 명으로 간추려졌고, 그 다음에는 천 명, 그리고 최종 100명 후보자에 들었다. 이는 내 위치를 위태롭게 했는데 우주 산업에서 쌓은 경력과 프로필이 점차 커져가는 마스 원의 논쟁 속에 빛을 잃어갔기 때문이다. 나는 더 강경한 입장을 취하거나 나의 위키피디아 페이지에 그들을 언급했던 부분을 삭제하는 것 사이에서 망설이다가 결국 중간 입장을 취하기로 했다. 차라리 그들이 나에게 지침을 줬다면 기꺼이 받아들였을 것이다.

공교롭게도 마스 원과 나는 결국 전혀 다른 이유 때문에 사이가 악화되긴 했지만, 그 전까지 나는 간단하게나마 언론 운동을 통해 마스 원에 관한 나의 확신과 화두를 밝혀나갔다. 어떤 조직이든 대범한 주장을 펼칠 경우, 비판적으로 바라보는 자세가 필요하다. 하지만 인류의 진일보가 가치 있고 달성할 수 있는 미션이라고 믿는 사람들까지 덮어놓고 조롱할 것이 아니라 도전 자체의 기술적 측면을 철저히 검토하는 일에 초점을 맞추는 게 맞다고 생각한다. 나는 TV와 인쇄 매체를 통해 우리 행성(알려진 모든 생명체가 존재하는 곳)의 신비를 알아가는 만큼이나 행성 탐사가 여러 가지 이유로 매우 중요하다고 설명하고자 노력했다. 최종 결과에만 관심을 갖는 이들에게 나는 우주 프로그램이 가져온 경제적 이득을 보여주었다. 일부 추정치에 따르면 아폴로 프로그램은 투자 비용 1달러당 20달러 이상이 회수되었다고 한다. 우리가 누린 혜택 가운데는 컴퓨터 기술, 통신, 로켓, 인공위성, 원격 감시, 기상 이미지, 구명 의료 절차, 소행성 감지를 비롯해 지구인들이 일상에서 의존하고 있는 어마어마하게 긴 목록의 파생 기술이 있었다. 하지만 나는 우리가 우주를 탐사하고 싶어 하는 심리적 이유에 초점을 맞췄다. 인간은 계속해서 새로운 개척지를 찾고 정착을 시도하려는 종이다. 우리는 왜 해야 하느냐가 아니라 왜 여전히 시도하지 않고 있느냐를 물어야 했다. 나는 아서 C. 클라크의 말을 인용해가며 열정적으로 인터뷰를 했다. 그의 주장에 따르면 새로운 아이디어는 3가지 단계를 거친다고 한다. 1단계는 할 수 없다고 여겨지는 단계, 2단계는 할 수 있을지 모르지만 그럴 만한 가치가 없다고 여겨지는 단계, 3단계는 할 수 있음을 진작에 알았다고 말하는 단계. 그가 정지 궤도[13]를 이용해 통신 인공위성을 만들자는 계획을 처음 제안했을 때 이 아이디어는 1단계에 오롯이 갇혀 있었다. 당

---

13) 적도 상공 35,786킬로미터 원 궤도로 지구 직경 3배 높이 고도의 인공위성 공전주기가 지구의 자전주기와 같아서 지구상에서 보았을 때 항상 정지하고 있는 것처럼 보이는 궤도. 통신, 방송, 기상 등의 위성 궤도로 쓰임

시만 해도 이 기술이 불가능해보였기 때문이다. 하지만 거의 모든 사회가 하늘 높이 떠 있는 인공위성에 의존하고 있는 현재로서 이 아이디어가 이미 3단계를 넘어선 상태. 나는 우주 정착 개념은 수십 년 전 1단계를 지났지만 그 이후로는 모두가 달성 가능한 목표라는 데는 동의해도 엄청난 비용과 노력을 정당화하기란 쉽지 않아 2단계에서 벗어나지 못하고 있다고 설명했다. 이 부분은 화성 협회가 오랫동안 강조해온 것이다.

내가 인내심 있는 기자에게 강조하여 전달하고자 했던 주요 사실은 기사를 읽고 있는 이들이 눈 감기 전 3단계에 도달할 수 있을 거라는 사실이었다. 나는 마스 원을 특별히 지지하지 않으며 우리가 이 같은 생각을 비웃느라 인류 발전에 중요한 역할을 할 이 대화가 방향을 잃지 않기를 바랄 뿐이었다. 우주를 탐사하는 동안 우리는 그곳에 머물겠다는 확고한 의지를 잃지 않아야 한다. 우주 정착은 오랜 생존을 향한 장기 목표가 되어야 한다. 저궤도든 달이든 화성이든 아니면 그 너머든 우리가 정착지를 마련하는 모습을 보고 싶다. 우리 세대를 위해서가 아니면 다음 세대를 위해서라도 말이다. 나는 제시한 시간 내에 가능하지 않을 수도 있음을 알고 있으며 마스 원을 특별히 염두에 둔 일이 아님을 다시 한 번 강조했다. 상황을 진척시키기만 한다면 숱한 단체가 시도하다 실패해도 괜찮다고 생각했다. 내가 못마땅하게 여기는 점은 이 목표를 향해 아무런 노력도 하지 않으면서 이 모든 논의를 농담으로 받아들인다는 것이었다. 나는 고조된 분위기를 가라앉히기 위해 시시한 질의응답을 몇 분 더 가진 뒤 인터뷰를 마쳤다. 나는 하고 싶은 말을 제대로 밝혔고, 언론의 객관적이지 못한 논평에 대한 나의 의사를 합리적으로 전달했다고 확신한 채 전화를 끊었다. 하지만 그다음 주 내 사진 위에 붙은 신문기사의 제목은 '돌아오지 못할 화성 여행을 위해 약혼자를 버리는 예비 신부'였다. 그 후로 상황은 갈수록 악화되었다. 하지만 내가 실수를 깨닫고 행동을 바꿨을 거라고 생각했다면 잘못 판단했다. 우주 산업에 뛰어들 때 장착했던 집념으로 나는 계속해서 공개적인 굴욕을 감수했으며 전 국민적 대화에 초점을 맞추려는 헛된 노력을 이어갔다. 확실히 많은 이들이 받아들이기 힘든 주제였으며 과학적으로도 감정적으로도 명확히 밝히고 넘어가야 할 주요한 오해가 있었다. 인쇄 매체는 나의 관점을 다른 방향으로 편집해 애초의 의도를 알아보지 못할 정도로 잘못 전달했다. 무엇이든 닥치는 대로 하는 극도로 순진한 영화 전공자는 영상 인터뷰가 나을지도 모른다고 생각했다. 결국 이 같은 낙천적인 생각과 담대함으로 무장한 나는 ABC의 쇼 프로그램인 〈더 뷰〉 생방송에 출연했다. 제니 맥카시, 우피 골드버그, 바바라 월터와 함께 어디에선가 온 진짜 주부는 나의 엉뚱한 상상력 너머로 화두를 끌고 가는 온갖 질문을 쏟아냈다.

"그러니까, 이 자살 미션은……"

"정착 미션이요."

나는 분명하게 말했다. 5분 인터뷰의 나머지 부분은 자기방어 차원에서 기억 속으로 사라졌다. 하지만 〈리얼 하우스와이프〉 식의 질문은 정말 황당했다. 기나긴 여행 중에 잠재적인 성범죄자와 함께 탑승할 수도 있는 위험을 비롯해 내가 아직 응답할 준비가 되어 있지 않은 다른 사항들은 고려해 보았는지에 관한 질문이었다. 나는 심리 검사와 동료 평가에 대해 몇 가지 확실한 사항을 더듬거리며 말했다. 다행히 광고 시간이 찾아왔고 나는 우피에게만 감사 인사를 전했다. 〈스타 트렉〉에서 그의 역할을 정말 좋아한다고 말한 나는 마이크를 떼어낸 뒤 재빨리 그곳을 빠져나왔다. 이쯤 되자 나는 개인적으로 지지하지도 않는 단체를 방어하는 일에 진력이 났다. 하지만 이 사안에 대해 마지막으로 기조 연설을 해 달라는 제안에 마지못해 동의했다. 기조 연설을 통해서라면 나의 미묘한 입장을 공정하게 평가할 청중들에게 내 관점을 명백하게 전달할 수 있을 것 같았다. 곧바로 미국 연방항공청에서 초청장이 날아왔다. 그들이 주최한 연례 상업 우주 수송 콘퍼런스에 도착한 나는 숨을 깊이 들이쉰 후 마스 원에 관한 나의 마지막 메시지를 전달했다.

✦

우선, 오늘 이 자리에 저를 초청해 준 연방항공청에게 감사의 말씀을 전합니다. 저는 민간 우주비행 연합과의 협력, 우주 개척 재단을 통해 진행한 DARPA XS-1 프로그램을 비롯해 최근 이직한 마스텐 스페이스 시스템즈 등 상업 우주 수송국과 지난 몇 년 동안 굉장히 생산적인 관계를 유지해 왔습니다. 기조 연설을 해달라는 요청을 받았을 때 주최 측에서 어떠한 주제를 염두에 두었는지 확실히 알 수 없으나 이 분야에서 제가 전할 수 있는 지식이 많다고 확신했습니다.

오늘의 일정에서 '켈리 제라디-마스 원'을 보는 순간 몇 가지 감정이 스쳐 지나갔습니다. 우선 약간 당황했습니다. 일시적인 성공을 누린 유튜브 스타가 오스카에서 상을 받는 기분이 드네요. 저의 전문 영역이 염려되기도 했습니다. 이것이 내가 쌓아온 이미지일까? 나는 존경받는 업계 전문가가 아니라 히치하이크로 화성에 가려는 은박 모자 장수(은박으로 만든 모자를 쓰면 정부의 감시나 외계인에 의한 정신 통제를 피할 수 있다는 음모 이론 애호가를 낮춰 부르는 말-옮긴이)로 보이지 않을까? 이 같은 반응은 최근 이 주제로 제가 한 언론 인터뷰에 기인한 사실들입니다. 사실대로 말하자면 저는 콘퍼런스 복도에서 자주 오가는 주제, 우주비행사들과 민간인 간의 경계를 흐릿하게 만드는 이 주제에 대해 공식적으로 말할 수 있게 되어 정말 기쁩니다. 연방항공청 산하의 상업 우주 수송국이 저처럼 이곳에서 무슨 일인가 벌어지고 있으며 뭔가 생산적인 논의가 필요하단 걸 알고 반가웠습니다. 저는 마스 원 같은

152

단체의 행보가 민간 우주비행 산업에서 어떠한 의미를 갖는지 살펴보고 싶습니다.

마스 원의 지원 창구가 열린 날을 기억합니다. 한 국제 기구가 2024년까지 4명의 우주 정착민을 화성에 보낼 거라는 주장으로 하룻밤 사이에 선풍적인 인기를 끌게 되었죠. 40달러라는 형식적인 지원비만 있으면 누구든 지원할 수 있었습니다. 저는 어니스트 섀클턴^{Ernest Shackleton 14)}의 초기 탐험 광고가 떠올랐습니다. 한 번 쓱 표제를 읽고 관심을 끌기 위한 술책이라고 치부하기는 쉽죠. 리얼리티 쇼를 통해 자금을 모은다? 뭐 웃기지만 괜찮은 아이디어라고 생각했습니다. 그런데 수백 명의 지원서가 제출되었죠. 누구나 볼 수 있는 영상 속에 담긴 지원자들의 표정은 진지했습니다. 학생, 부모, 예비군 장교 등 다양한 이들이 인류의 다음 번 거대한 도약에 참여하고 싶어 했습니다. 지원서는 몇백 개에서 몇천 개로, 그리고는 수만 개로 급증했습니다. 마감 전 주에는 자그마치 20만 명이 넘는 지원자가 몰렸죠. 화성에 마련할 거주지에 관심이 있는 100만 명 중 1/4에 해당하는 숫자였습니다. 이쯤 되자 주류 언론이 관심을 보이기 시작했습니다. 제가 지원하지 않았다는 사실을 알고 가장 놀란 사람은 제 약혼자였습니다.

"이거야말로 당신 꿈 아니야? 수십 만명이 넘는 사람들이 화성에 거주하는 이야기를 하고 있어. 당신은 당연히 신청했을 거라 생각했는데."

그날 밤 저는 지원서를 작성했습니다. 그의 말이 맞았기 때문이죠. 제 자신의 위선에 놀랄 뿐이었습니다. 저는 저녁 식사 자리에서 친구들

---

14) 영국의 남극 탐험가, 남극 탐험대를 모집하기 위해 신문에 구인 광고를 실음

의 대화를 방해하는 사람으로 유명했습니다. 민간 우주 산업 소식으로 대화를 독점하며 사람들더러 제발 좀 우주에 관심을 가져달라고 구걸하다시피 하고 있었죠. 제가 그토록 관심 있는 주제, 제가 경력으로 삼은 미션이 바로 눈앞에 있는데도, 비영리 단체가 20만 명이 넘는 사람들을 간절한 우주비행 옹호자이자 이해관계자로 만들고 있는 가운데 저는 옆에서 구경만 하고 있었습니다. 회의적인 생각 때문에 이 대화에서 발을 빼서는 안 되겠다 생각했죠. 그리하여 저는 마감 직전 간신히 지원서를 제출했습니다.

우주 탐사가 이 나라에 반드시 필요한 일이라는 것은 여러분들도 이미 다 동의한 사실이기 때문에 넘어가겠습니다. 우리는 이러한 기본적인 마음가짐을 공유하기 때문에 오늘, 그리고 매일 이 자리에 모였습니다. 우리 모두 기회가 있다면 뛰어들어야 한다고 생각합니다. 그것이 제가 민간 우주 산업에서 가장 좋아하는 부분이자 이 분야에서 일하기로 선택한 이유죠. 이 산업 분야는 이곳에 몸담고 있는 우리에게 우주에 직접 갈 수 있는 기회를 선사해 줍니다. 이 산업은 지구의 경제적인 영역도 확장시켜줄 것입니다. 오늘 이 자리에 참석한 기업들은 궤도에 진입하고 우주로 접근하는 비용을 낮추는 데 일조하고 있습니다. 이것이 민간 우주비행 연합의 언론 전문가로서 제가 계속해서 전파하고자 하는 메시지입니다. 단순한 우주 탐사가 아니라 이는 인류의 장기적인 발전을 꾀하고 실재하고 ·싱장하는 새로운 시장으로의 견인과 일자리 칭출에 관한 것입니다.

저는 인류의 미래를 낙관하지만 지구에서의 삶은 유효 기간이 있다는 사실을 인정합니다. 우주 정착과 진보한 생명 유지 장치가 없다면 우리 종 역시 멸종하고 말 것입니다. 보다 감정적인 차원에서 저는 화성이 우리가 도달할 수 있는 곳이기 때문에 화성에 인류 정착지를 마련하고 싶습니다. 전체 태양계가 우리의 도달 범위 내에 있습니다. 매일 아침 마스텐으로 출근할 때마다 제가 자랑스럽게 되뇌이던 주문이죠. 우리가 우주의 미개척 영역에 접근하도록 도와주는 기술을 개발하고 있다는 사실이 자랑스러웠습니다. 가까운 미래든 먼 미래든 언젠가 우리의 지구가 생명체를 지탱하는 것을 멈추거나, 인간이 이 행성을 살 수 없는 곳으로 만들 것을 우리는 압니다. 그리고 40억 년 만에 처음으로 다른 행성에서 생활하는 일이 가능해졌습니다. 그렇지 않으면 스티븐 호킹 박사가 말했듯 우리는 '외딴 섬에 고립된 조난자'와 다름없습니다. 따라서 누군가 화성이든 달이든 혹은 국제우주정거장 너머로든 인류를 보내는 일에 대해 얘기한다면 저는 그 일이 일어나는 광경을 누구보다 간절히 보고 싶습니다.

마스 원에 대해 한 마디 하겠습니다. 그들은 비영리 단체를 운영하고 있으며 단일 언론 보도를 구상하고 있습니다. 그들은 전혀 전통적이지 않은 방식으로 이 일을 하려하며 이 분야에서 일하고 있는 기업 가운데 최초로 항공 우주기업이 아니라고 선언하고 있습니다. 그들은 그저 사업을 성사시키려 할 뿐입니다. 게다가 그들은 대단한 일을 하고 있습니다. 우주비행을 달성하기 위한 점진적인 단계로서 하부 시스템 구성요소를 정교하게 제작하는 것처럼 마스 원이 주도하는 전 세계적인 대화 또한 우주 정착을 위한 작은 움직임이라 할 수 있습니다. 이는 저

같은 사람이 자신의 시간을 투자해 대화를 시도하고 싶게 만듭니다. 사람들의 상상력에 불을 지피는 그들의 역량을 직접 목격했기 때문이죠.

민간 우주비행 연합의 언론 전문가로서 우주의 문턱을 낮추고 지구의 경제 영역 확장, 인간의 우주여행 지원이 저의 일입니다. 우리 산업은 무언가 큰 사건이 벌어질 때에만 지금처럼 언론의 큰 주목을 받곤 합니다. 따라서 우리 산업이 잘 하고 있는 온갖 일들에 대해 말할 수 있는 플랫폼을 제공해 준 데에 마스 원에게 감사를 표합니다. 지난 1년 반 동안 저는 ABC의 더 뷰, 나이트라인, NPR, VICE의 마더보드 다큐멘터리에 출연했습니다. 뉴욕 타임스, 파퓰러 사이언스, 보그 등에 기고하기도 했죠. 제가 원하는 방향대로 대화가 풀리지는 않았지만 저는 대중의 상상력을 자극하고 민간 우주 산업에 관한 긍정적인 소식을 전할 기회를 가졌습니다. 우주 탐사가 우주왕복선 계획으로 끝날 거라 생각하는 수백만 명의 사람들에게 우리의 놀라운 발전을 공유하는 일은 기분 좋은 경험이었죠. 대중은 우주여행이나 그와 관련된 기술 또는 탐사를 과학적 호기심 정도로밖에 보지 않습니다. 우리가 우주를 보는 방식과 그들이 우주를 보는 방식 사이에는 극복할 수 없는 간극이 있습니다. 그들이 우주 탐사를 통해 무엇을 누릴 수 있을지 제대로 전달된 적이 없기 때문입니다. 파생 기술 혜택의 언급만으로는 부족합니다. 대중이 우주에 내재된 기회와 삶에 긍정적인 영향을 미칠 잠재력을 이해하지 못하는 한 그들의 참여와 지원을 충분히 끌어내기린 불가능합니다.

미스 원에 지원하는 이들을 보시기 바랍니다. 천문학이나 공학 수업을 한 번도 들어본 적 없는 수천 명의 사람들이 갑자기 우주 탐사에 사로잡혀 있습니다. 전 세계 사람들이 현지 자원 활용과 행성 보호 문제에 관심을 보이고 있습니다. 수많은 사람들이 그들 주위에서 실제로 일어나고 있는 우주 활동에 적극적인 관심을 갖기 시작했습니다. 여러분이 하고 있는 활동에 말입니다. 그들은 온라인에서 스페이스X의 발사를 축하하고 ISS에서 보낸 이미지를 리트윗하고 버진 갤럭틱을 응원하고 있으며, 우리 산업 내 폐쇄적인 커뮤니티 너머로 기존에 우리 모두가 접근할 수 없던 그들만의 공동체에 우주 탐사에 대한 흥분을 전염병처럼 퍼뜨리고 있습니다. 우리는 수십만 명에 달하는 사람들과 그들의 친구와 가족을 우리 산업의 적극적인 이해관계자로 맞이했습니다.

실제 착수와 미션 계획의 실현 가능성은 제쳐두고 마스 원은 이미 대단한 일을 성취했습니다. 그들은 거의 25만 명의 사람들에게 우주여행이 개인의 삶에 어떠한 의미를 지닐지 오롯이 바라보도록 만들었습니다. 이 깨달음의 순간은 마스 원에서 끝나지 않을 것입니다. 언뜻 보면 터무니없는 선별 과정처럼 보이던 것이 갑자기 심오해 보이는데 우주에 대한 문턱을 낮춰가는 매우 전형적인 모습입니다. 우리는 우주비행사가 되는 것의 의미를 넓히고 있으며 이 세대가 우주를 바라보는 관점을 재정립하고 있습니다. 우주비행사가 되기 위해 필요한 것이 10~20만 달러뿐이라는 비전을 관철시키려면 10~20만 명의 사람들에게 그것으로는 왜 그들의 꿈을 이룰 수 없는지 왜 이 논리가 가능하지 않은지 더욱 잘 설명할 수 있어야 합니다. 장차 화성에 거주할 이들을 보며 비웃기보다는 격려하는 편이 우리에게 훨씬 이롭습니다. 우주에서 공동의 미래가 어떠한 모습일지 그 비전을 실현하는 것이 우리의 일입니다.

저는 사람들이 마스 원 지원자들을 오해하고 있다고 생각합니다.

그들은 화성으로 갈 날만을 손꼽아 기다리는 지구의 불평분자들이 아닙니다. 그들은 교육 수준이 높은 전문가들로, 오늘날 우리가 직면한 장애물 때문에 암울한 미래를 그리는 이들이 아닙니다. 놀랍게도 초기 지원자의 상당수가 우주 산업 전문가입니다. 그들 중 일부는 바로 이 자리에 있습니다. 압도적 동기는 우주에서 인간의 존재감을 확대하려는 공동의 목표입니다. 그들은 이 기업이 마스 원이라는 점에 크게 개의치 않습니다. 그들 스스로가 우주에 꼭 가야 한다고 생각하지도 않습니다. 우주 정착은 그들이 인류를 위해 성취하기를 바라는 목표일뿐입니다. 그들은 이 목표가 이루어지도록 직업적으로든 개인적으로든 할 수 있는 모든 일을 하고 있습니다.

저는 그런 미래를 포기하기에는 너무 젊습니다. 다른 이들이 이 어렵고 대단한 일을 수행하도록 가만히 앉아있기에는 너무 열정적이고요. 제가 기여할 생각도 없는 문제를 다른 누군가가 해결해야 한다고 주장하기에는 이 사안에 너무 헌신적입니다. 저는 과장된 주장을 믿을 만큼 어리지도 않습니다. 저는 마스텐 스페이스 시스템즈에서 정규직으로 일하고 있습니다. 일상생활을 영위하기 위해 돈을 벌어야 하죠. 미래는 저의 무한한 상상력과 낙관주의만큼 근사하지 않을 거라는 사실을 알지만, 진실하고 이성적인 노력을 펼치고 있습니다. 마스 원은 결코 항공 우주기업이 아닙니다. 그들은 화성에 인류를 정착시키기 위한 사업을 창의적으로 구축하려는 조직입니다. 그 점에 있어 저는 그들에게 박수를 보냅니다. 그들의 목표는 이 산업이 하드웨어를 설계하고 건설하고 날아오르게 하는 데 필요한 자금을 모으는 것뿐입니다.

사람들은 일반적으로 핵심적인 실행가능성을 인정하지만 관심은

주로 철학적인 부분에 있습니다. 당신은 정말로 친구와 가족을 영원히 떠나고 싶은가? 당신은 화성에서 죽어도 괜찮은가? 이 대답하기 쉬운 질문은 저에게 형언할 수 없는 기쁨을 안겨 줍니다. 저는 정서적 장벽이라는 낙인이 공학적 문제를 초월하는 오늘날에 살고 있는 것을 정말 감사하게 생각합니다.

마스텐 스페이스 시스템즈 팀은 우주 탐사의 미래를 바꾸기 위해 지구 표면 위로 320킬로미터를 올라갈 필요는 없다는 사실을 아는 훌륭한 공학자들로 이루어져 있습니다. 단지 LA에서 북쪽으로 320킬로미터를 가면 모하비 사막이 나타난다는 사실만 알고 있습니다. 우리가 개발한 로켓의 정밀한 착륙 기술이 우주의 미개척 영역을 밝히는 데 도움이 될 거라는 사실을 알아가는 하루하루가 자랑스럽습니다. 우리 기술자들에게 왜 마스텐에서 일하냐고 묻는다면 누구든 화성 같은 곳에서 하강 궤적을 비행하고 지표면의 위험을 스스로 감지하며 안전한 착륙 지점으로 방향을 전환할 우리의 수직이착륙 로켓이 지닌 함의를 설명하고 싶어 할 것입니다. 그들은 우리가 개발한 로켓의 정밀한 착륙 능력이 화성 분화구 근처 사막에 착륙하는 것과 분화구 둘레에 안전하게 착륙하는 것만큼 큰 차이를 가져올 거라고 설명할 것입니다.

이 프로그램을 비방하는 이들은 모하비 사막에서 우리가 수행하는 업무가 마스 원의 프로그램이 그런 것만큼이나 우주 정착과 거리가 멀다고 주장할지 모르지만 이는 근시안적인 관점입니다. 우리는 세부적이고 기술적인 작업을 하고 있으며, 과학적으로 태양계의 가장 흥미로운 구석에 접근하기 위해 점진적인 발전을 이루어가고 있습니다. 우리는 태양계에 인류의 존재감을 확장한다는 NASA의 전략적 목표를 공유하지만 수익을 창출하는 기업으로서 우리의 한계를 인식하고 있기도 합니다. 기술자들은 자신의 다른 야망을 증명하는 데 혈안이 되어 있을지 모르지만 우리는 한 기업으로서 이러한 서비스에 대한 고객을 먼저 찾아야 합니다. 따라서 어떠한 단체가 나타나 마스텐, 스페이스X, 록히드, 파라곤 같은 기업이나 우리가 가장 잘 할 수 있는 일을 하도록 충분한 자금을 지원해서 사업을 성사시키고자 최선을 다하겠다고 말하면 저는 그들에게 전적인 관심을 쏟겠습니다. 우리 산업은 광범위한 접근과 비전이 필요합니다. 화성 같은 목적지는 개척자와 후원자 모두를 필요로 합니다. 우리에게는 몇몇 개척자와 후원자가 있으나 훨씬 더 많이 필요합니다. 마스 원 같은 단체가 대중에게 그들이 꼭 움켜질 꿈을 선보인다면 대화의 물꼬를 트는 데 도움이 될지도 모릅니다.

제가 마스 원을 옹호하는 것처럼 보인다면 에베레스트 산의 역사를 한 번 생각해 보시기 바랍니다. 1875년 이 산에 공식적인 이름이 붙은 때부터 거의 50년 후 이 산을 오르기 위한 첫 시도가 있을 때까지 말이죠. 1920년대에는 에베레스트 산 정상에 대해 알려진 것이 오늘날 화성 표면에 대해 알려진 것보다도 없었습니다. 조지 말로리[George Mallory]가 등반 자금을 어떻게 모을 수 있었는지 아시나요? 비디오 판권과 세계 최초의 다큐멘터리 제작을 통해서였습니다. 제 목표가 마스 원을 옹호하는 것이라면 여러분에게 이 같은 사례를 10개는 더 제시할 수 있습니다. 하지만 그들을 비롯한 다른 특정한 단체를 옹호하는 것은 제 일이 아닙니다. 민간 우주비행 산업의 능력을 증진시키는 것이 제 일입니다.

어떤 단체가 사업을 성사시킨다면 그리고 민간 산업이 단계별 업무와 타당성 조사에 착수할 계약을 맺을 수 있을 만큼 충분한 자금이 모인다면 우리가 이를 시행할 수 있다는 사실을 적극 옹호하는 것이 제 일입니다. 우주 정착 사업의 경우, 공학적인 문제보다 자금 상의 문제가 더 크다는 사실을 호소하는 것이 우리의 최대 관심사이며 저는 대중이 그 차이를 이해하고 받아들이기를 바랍니다.

이 같은 미래를 건설하기 위해서는 분명 한 가지 이상의 도구가 필요합니다. 가만히 앉아서 아폴로 프로젝트 후속 계획으로서의 1968 미션 플랜을 손놓고 기다리기만 한다면 아무런 일도 일어나지 않을 것입니다. 적어도 이 방에 있는 누구에게도 말이죠. 아폴로호가 날아오른 지 50년이 지났습니다. 저는 일생에 우주 정착이 실현되는 것을 보기 위해 싸울 준비가 되어 있습니다. 그러기 위해서는 선거 주기로 예산이 묶여 있어서는 안 됩니다. 이는 우리의 미래를 향한 장기적인 책무이며 이 꿈을 실현하기 위해서는 외부 아이디어와 재정적 약속, 전 세계적인 대중의 지원이 필요합니다. 마스 원 같은 기업이 불쑥 나타나 주장을 펼칠 경우 그들의 전제를 무시하기 쉽습니다. 사람들은 '말도 안 되는 소리'라고 치부하며 이 주제에 관해 추가적으로 논하는 것을 거부합니다. 누군가는 우주 산업에 관한 입증되지 않은 제안이 마치 처음 있는 일인 것처럼 반응합니다. 하지만 이 주제는 주목할 만한 가치가 있습니다. 새로운 관심을 받을 자격이 있죠. 기괴하고 거대한 아이디어는 실패하게 되어 있지만, 잠시만 진지하게 생각해 보면 이 아이디어는 공통의 목표를 향한 진전에 지대한 영향을 미칠 수 있습니다. 마스 원은 이미 수많은 관객들의 관심을 이끌어냈습니다. 제 동료들뿐 아니라 NASA가 끝났다고 생각했던 훨씬 더 많은 사람들까지도 말이지요. 인류의 화성 정착은 이제 대중의 큰 관심을 넘어서고 있습니다. 마스 원이 이 같은 담론을 넘어 이 프로젝트를 진척시킬 확률은 낮지만 이러한 노력은 공상과학 소설과 현실 간의 간극을 좁히고 토론을 전 세계적인 규모로 끌어올리고 있습니다.

우리 산업은 이러한 움직임의 방향을 설정하고 정의할 기회를 마주하고 있습니다. 우리는 수천 명의 대중이 우주 정착에 관해 깊은 이해 없이 이야기하는 것에 대해 비이성적으로 짜증을 냅니다. 사실 그들은 수출 규제나 발사에 관한 지난 몇 년간의 합의체를 끝까지 지켜보지도 않았으며 국제무기거래규정[15] 규제나 학습 기간, 실험 허용에 대해서도 알지 못할 가능성이 큽니다. 그들은 화성에서 죽을 수 있는 흥미롭고도 끔찍한 온갖 방법들에 대해서도 잘 모르죠. 우리는 지원자들을 우주 탐사의 피상적인 옹호자로 치부하며 비웃을지 모릅니다.

또 다른 선택으로 이들을 우리를 안내하는 힘이자 권위 있는 목소리로 새겨들을 수도 있습니다.

"맞아, 할 수 있어. 해야 해. 이렇게 해야만 해"라고 말하는 거죠.

누군가 "마스 원은 사기야"라고 말하는 것을 들을 때마다 저는 납득이 가지 않습니다. 저는 마스 원의 명성을 염려하는 것이 아니라 이러한 반응이 민간 우주 산업에 미치는 영향을 염려합니다. 마스 원을 사기라고 하는 사람은 화성 정착 미션을 사기라고 말히 늘 것이 우리 산업이 이를 실행할 능력이 없다는 사실을 암시하는 것임을 이해하지 못합니

---

15) International Traffic in Arms Regulations(ITAR), 군수품에 대한 수출입을 통제하는 미국 정부 규정

다. 저는 우리에게 능력이 충분히 있다고 생각합니다.

저는 우주 정착이라는 달성 가능한 목표에 신이 납니다. 지구에서 비교적 짧은 수명을 누릴 제가 오늘날 우주시대, 행성 간 생활이 가능해진 최초의 역사의 창에 들어섰다는 사실에 흥분됩니다. 오늘 저는 마스 원에 대해 이야기하고 있지만 인류의 위대한 다음 도약이 무엇이든 이에 기여하기 위한 저의 욕망을 밝히기 위해 앞으로도 계속해서 목소리를 높일 것입니다. 역사상 처음으로 우리는 다른 세상에 정착할 기회를 갖게 되었습니다. 개인적으로든 직업적으로든 우리가 이 기회를 낭비하지 않도록 제가 할 수 있는 모든 일을 하고 싶습니다. 마스텐 스페이스 시스템즈에서 저는 지구 밖 정착지에 로켓을 안전하게 착륙시키는 데 필요한 정밀도를 높이는데 힘쓰고 있습니다. MDRS에서의 개인적인 연구 덕분에 그러한 정착지에서 어떠한 현지 자원 활용 기술을 이용할 수 있을지 직접 계획할 수 있게 되었습니다. 그리고 마스 원에 참여함으로써 이 모든 정보를 세계에 전할 수 있는 발판을 얻게 되었습니다. 감사합니다. (2015 연방항공청 상업 우주 수송 콘퍼런스)

전 인류를 위한
우주 문턱 낮추기

앞서 마스 원과 복잡한 관계를 맺게 되었다고 잠시 언급했지만 관계에 균열이 갔다고 설명하는 편이 더 적절할 것이다. 나는 원칙적으로 우주 정착의 비전을 계속해서 옹호했지만, 이 단체와는 조용히 거리를 두기로 했다. 이는 지금처럼 그들의 자금이 바닥나고 언론의 주목이 시들해지기 한참 전의 일이다.

마스 원에 대한 나의 대중 지지 연설은 마스 원의 공동창립자인 네덜란드 기업가의 관심을 사게 되었다. 그는 우주 산업의 실현 가능성을 지지하는 나의 능력을 간파하고, 언론 보도 기회나 잠재적인 기술 파트너와 관련한 메일을 몇 차례 주고받았다. 그가 뉴욕에 방문했을 때 나는 그에게 탐험가 클럽의 본사를 구경시켜준 후, 근처 식당에서 함께 점심을 먹기도 했다. 우리는 지나치게 비싼 치즈버거를 앞에 두고 잠재적인 승무원 호환성과 건강 문제 등 광범위한 주제에 대해 이야기를 시작했다. 대화는 경력 신장과 기업 채용에 관한 주제로 자연스럽게 옮겨 갔다. 그는 내 앞에서 미국 지도자들은 인정하지 않을지도 몰라도 대부분의 채용 담당자는 동등한 역량을 갖춘 스물여섯의 남성 지원자가 있을 경우, 동갑내기 여성 지원자는 절대 고용하지 않을 거라 말하며 스물여섯 살 여성인 내가 쏘아보는 앞에서도 아무렇지 않게 버거를 입에 넣었다. 그는 또 여성이 임신하면 가엾은 채용 담당자는 다시 또 다른 누군가를 고용해야 한다며 안타깝지만 어쩔 수 없이 여성을 고용할 때 감수해야 하는 투자 위험에 대해 언급했다. 그가 나의 가족계획을 넌지시 떠보려는 의도였는지 몰라도 나는 호락호락 넘어갈 수 없었다. 내 얼굴이 벌게진 이유는 상처를 받았기 때문에 아니라 그의 말이 또 다른 행성으로 전달될, 더 나쁘게는 수많은 인류가 애초에 그곳에 가지 못하도록 만들 성차별주의적 헛소리라는 사실을 깨달았기 때문이다. 게다가 우주에 새로운 세대를 뿌리내리게 한다는 온갖 담론을 떠들면서 정작 아이를 낳을 수 있는 인류의 절반을 무시하는 태도는 굉장한 맹점으로 보였다. 그가 나를 화나게 하려는 의도였다고는 생각하지 않는다. 다만 가임기 연령대의 여성 후보자를 피해야 한다는 그의 주장은 채용 담당자의 뻔한 사업 논리처럼 보였다.

"바람직하든 그렇지 않든, 그저 사회의 질서가 그럴 뿐입니다."

"우리는 특정한 자격요건을 갖춘 사람만을 보고 있을 뿐입니다. 누구라도 그 요건을 충족시킨다면 저는 그들을 지지할 겁니다."

수십 년 전, 머큐리 7호의 우주비행사들이 여성을 우주비행에 포함시켜서는 안 된다고 증언하며 내보인 패배주의적인 사고방식과 똑

같았다. 무엇보다 그의 말은 우리가 미래 세상에 가져갈 가치를 선별해야 한다는 점을 강력하게 상기시켰다.

이 같은 대화가 있은 후, 나는 보다 예리한 관점으로 내가 속한 산업을 점검하며 우주 탐사라는 맥락 내에서 다양성, 포괄성, 평등성이 갖는 중요성을 또렷이 인식하게 되었다. 나는 회의 테이블이나 협의체 나아가 기업 전체에서 유일한 여성인 것에 익숙하다. 한때 내가 항공우주나 국방 분야에서 일하며 마주하는 현실일 뿐이라고 치부했던 부정적인 경험은 이제 우리 산업의 전반적인 성공을 위협할 중대 문제로 다가왔다. 남녀를 포괄하는 어휘 사용은 가장 손쉬운 목표일 것이다. NASA 기준에 따라 나는 오래 전부터 'manned 비행'을 'crewed 비행'이나 'human 비행'으로 바꾼 상태였고, 전근대적인 언어가 위키디피아나 표제를 장식하지 않도록 늘 점검했다. 나는 남자들로만 이루어진 토론회에서 더는 사회를 맡지 않기로 다짐했는데, 이는 최근 들어 학술 대회의 아주 중요한 사안이자 사기를 꺾는 패턴으로 내게 인식되었기 때문이다. 여성 전문가가 토론 참석자에 포함되지 않을 경우, 나는 예의 바르게 거절 의사를 표했다.

업계의 성 평등이 바람직하지 않은 수준이었다면 인종차별 문제는 훨씬 더 심각했다. 더글라스 애덤스의 말을 바꿔 말하면 우주는 백인들의 무대라 할 수 있다. 극도로 믿기 어려울 만큼 백인들만 모여 있다. 이는 우주에 접근하는 문제뿐만 아니라 경험상의 문제도 낳고 있다. 공공연하든 암묵적이든 편견은 면역성이 없는 우주 산업에 분명한 사회적 병폐다. 인종적, 성적 차별의 영향은 심오하고 광범위하며, 우주 정착 분야에서는 특히 그렇다. 우리는 우주 탐사와 우주 정착에 대한 인류의 미래를 논하는 것이며 이 대화에는 다양한 관점과 기득권이 포함되어 있다. 인류 전체의 이익을 위한 최후의 개척지를 탐색하는 과정에서 세상의 신뢰와 지지를 얻으려면 우주 산업은 더욱 인류 전체를 대변해야 한다. 포괄적인 미래를 구축하려면 수많은 거대한 도약이 이루어져야 하겠지만 경로를 설정하기 시작한 지금, 다양한 목소리를 대변하도록 하고 동료와 지도자들이 이를 최우선 과제로 삼도록 책임을 지우는 것이 가장 좋은 출발점이 될 수 있을 것이다.

물론 나의 동료 가운데에도 이 같은 주장에 반대하는 이들이 있다. '다양성과 포용' 자체를 자극적인 문구로 받아들이는 이들도 있고, 이 같은 개념을 비웃는 이들도 많다. 그들은 허점 투성이의 성과주의를 고수하며 "우리는 최고만을 원해"라고 주장한다. 그럼에도 불구하고 우리 산업은 우주의 문턱을 낮추고 궤도에 도달하는 비용뿐만 아니라 이를 방해하는 장벽을 낮추는데 자부심을 느끼는 지지자들로 가득하다. 우리는 그 어떤 산업보다 장애물을 낮추는 것이 기준을 낮추는 것과 같지 않다는 사실을 이해해야 한다. 그 어느 때보다도 우주 산업은 지구에서 일어나는 일과 별개로 존재할 수 없다는 사실을 인정해야 한다. 우주와 사회는 늘 불가분의 관계다. 우주에서 인류가 맞이할 가장 밝은 미래는 이곳 지구에 있는 사람을 향한 투자에서 시작된다. 내면을 들여다보기를 거부하고 위만 바라보는 것은 배신이나 다름없다.

이는 또한 근시안적인 관점이기도 하다. 우주비행이 진화하면서 승무원의 요구사항과 이상적인 후보의 경력 역시 향상될 것이다. 화성은 완벽한 사례다. 우리는 지구와 다른 사람들로부터 그렇게 멀리 떨어진 곳에 누군가를 보낸 적이 없으며 그들이 직면하게 될 다양한 심리적 문제들을 충분히 살피지도 못했다. 초기 개척자들이 그곳에 머물며 새로운 세상을 구축하려 한다면 우리는 초기 우주인들이 그 세계로 보내기를 바라는 가치 체계를 꼼꼼하게 살펴봐야 한다. 우리는 공존 가능성, 동반자 관계, 개인적인 가치, 감정적 강인함이라는 관점으로 그들의 자격요건을 다시 재고해야 한다. 강철 같은 눈빛을 지닌 시험 비행 조종사가 지구의 높은 궤도에서 이상적인 후보자로 여겨진다면 화성을 집으로 삼을 만한 이상적인 후보자는 누가 될 것인가?

머지않아 우리는 보다 폭넓은 관점으로 생각해야 할 것이다. 인류가 장기적으로 생존하기 위해서는 고도의 훈련을 받은 소수의 우주비행사들만으로는 부족하다. 우리는 보다 보편적인 목표를 염두에 두고 이 문제에 접근해야 한다. 이 목표는 모든 배경과 역량을 지닌 사람, 심지어 당신이나 나 같은 평범한 사람(그리고 인류가 계속해서 지금과 같은 형태로 번식한다면 가임기 여성도 당연히)까지도 우주에 접근하도록 문턱을 낮추는 것이다. 이는 듣기 좋으라고 하는 말이 아니라 반드시 필요한 일이다. 직장 내 다양성이란 생각의 다양성과 복잡한 문제에 대한 접근 방식의 독창성을 의미한다. 항공우주와 국방 산업처럼 고위험 첨단 산업에서는 폭넓은 관점을 키우는 것이 모두에게 이롭다. 수년간의 전략 회의 끝에 나는 기술을 설계하는 사람이 그것이 적용되는 방식에도 영향을 미친다는 사실을 알게 되었다. 인류가 이제 막 거대한 걸음을 시작함에 있어 단일한 인구 집단 혹은 국가가 지구라는 우주선 전체를 조종할 경우 아무리 의도가 좋을지라도 위험 부담도 영향력도 지나치게 클 수밖에 없다. 새로운 미래를 구축하는 일은 언제나 합의를 도출해야 하는 섬세한 연습이다.

우주시대의 냉전기가 시작된 것을 생각하면 놀랍게 들리겠지만 국제 협력은 오랫동안 우리의 우선 과제였다. 소련이 스푸트니크를 발사한 지 10년 후, 미국이 달 착륙에 성공하기 2년 전, 전 세계 지도자들은 우주여행의 미래에 관한 중요한 세부사항을 타결하기 위해 회의장에 모였다. 그들은 1967년에 체결된 우주조약을 통해 우주 활동의 근본적인 규칙뿐 아니라 우주여행을 시도하는 모든 국가가 지켜야 할 철학적 원칙도 정립했다.

이 조약의 당사국은

우주 진출의 결과로 인류 앞에 펼쳐진 위대한 전망에 고취되고,

평화적 목적을 위한 우주 탐사와 이용의 진전이 인류 공동의 이익임을
인지하며,

우주 탐사와 활용은 경제적, 과학적 발전 수준에 관계없이 전 인류의 이
익을 위해 수행되어야 한다고 믿고,

평화적 목적의 우주 탐사 및 활용과 관련하여 법적 측면뿐 아니라 과학
적 측면에서 광범위한 국제적 협력에 기여하기를 고대하며,

이러한 협력이 국가와 국민 간의 상호 이해를 증진하고 우호적인 관계
강화에 기여할 것이라 믿으며,

(중략)

아래 사항에 합의한다.

이 조약은 이 밖에도 우주에서 대량살상무기 사용을 금하고 어떠한 국가도 달이나 천체를 소유할 수 없으며 앞으로 다가올 경이로운 우주 개발을 위해 국가적인 협력을 장려하고 활성화하는데 노력하는 등 상당히 합리적인 지침을 담고 있다.

국제 협력 정신은 강하나 실천이 어려운 경우가 많다. 수많은 미국 기업이 최종 한계를 극복하기 위한 노력의 선봉에 나서고 있으나 인력자원이 제한 요소로 작용하고 있다. 미국 로켓 기업은 미국 시민과 일부 영주권자만 고용할 수 있다. 이 같은 제한을 두는 이유는 미국 군사 기술 사용에 대해 미국인과 미국 기업만 접근이 가능하다고 명시한 국제무기거래규정 때문이다. 명목상 합리적인 국가 안보 조항처럼 보이는 이것은 '군사 기술'이라는 용어가 얼마나 광범위한지 정확히 밝히는 순간 터무니없는 것이 되고 만다.

V2[16]가 개발된 이후 로켓 기술은 큰 발전을 이루었다. 상업용 우주선과 전쟁 무기는 둘 다 하늘로 올라가 탑재한 것을 날려보낸다는 사실만 같을 뿐 설계와 의도 면에서는 큰 차이가 있다. 안타깝게도 미국 군수품 목록은 이 둘의 유의미한 차이를 구별하지 못한다. 미국 법에 따르면 평화로운 우주비행 기술조차 무기 프로그램의 잠정적인 재료로 간주되어 국제무기거래규정의 제약을 받는다. 이 때문에 스페이스X, 블루 오리진, 버진 갤럭틱, 버진 오르빗을 비롯한 수많은 최첨단 우주 기업은 미국 외 국가에서 인재 채용이 제한적일 수밖에 없다. 이 고리타분한 규제는 우주에 대한 접근성과 지구의 경제적 영역 확대에 미치는 가장 큰 제약으로 우주 산업을 이끄는 거물들의 개인적인 배경을 고려할 때 참으로 모순적인 일이 아닐 수

---

16) 보복 병기 2호. 제2차 세계대전 당시 나치 독일이 개발한 세계 최초의 탄도 미사일

없다. 블루 오리진 CEO 제프 베조스의 양부는 십대 때 쿠바에서 미국으로 이민 왔다. 일론 머스크는 남아프리카에서 나고 자란 뒤 캐나다에서 공부했으며 스페이스X를 창립했을 때에야 미국 시민권을 획득했다. 버진 그룹 창립자이자 우주여행의 선지자인 리처드 브랜슨 경은 계속해서 영국 시민권을 유지하고 있다. 이들만 봐도 미국 내에서만 큰 꿈과 담대한 혁신을 도모할 경우 한계에 봉착할 수밖에 없다는 사실을 알 수 있다. 이들이 이끌고 있는 역사적인 기업은 광범위한 인재 집단에서 후보자를 선택할 때 더 큰 이득을 기대할 수 있을 것이다.

미국은 우주라는 무대의 유일한 선수가 아니다. 미국, 러시아, 중국에 더해 많은 국가들이 보다 체계적인 계획의 프로그램을 설계해 자국의 사절단을 우주로 보내고 있다. 일본, 이스라엘, 캐나다, 사우디아라비아를 비롯해 유럽 우주기구European Space Agency의 수많은 회원국이 대표단을 지구 궤도에 보내면서 우주여행 국가라는 엘리트 클럽에 진입하고 있다. 이들 국가 중 상당수가 자국만의 우주 기구에 더해 자국의 학계, 상업 분야에도 투자하고 있다.

그렇기는 하지만 여전히 전 세계적으로 우선순위에 있어 불균형하며, 이로 인해 미국인과 동등한 취업 기회를 얻지 못하는 미래의 우주비행사나 항공 우주 공학자들은 좌절할 수밖에 없다. 가끔 자국 내에 아직 국가 우주 프로그램이 갖춰져 있지 않거나 우주에 발을 디뎌본 적 없는 나라에 살고 있는 학생들의 이야기를 접할 때가 있다. 그럴 때면 나는 이를 지상에서 지지기반을 다지는 거대한 기회로 생각하라는 조언을 건네곤 한다. 작은 인공위성이든 우주비행사 대표단이든, 한 국가가 국내 최초라는 역사적인 순간을 향해 나아가는 데 기여할 기회는 존재하기 마련이다. 국제 지지 기구의 한 지부에 합류하거나 이를 조직하는 일에서부터 모든 연령대에 존재하는 수많은 국제적인 교육 기회(우주 캠프에서 국제 우주 대학까지)에 참석하는 일, 심지어 고등학교 로봇 공학이나 초소형 인공위성 동아리를 만드는 일 등 누구라도 우주 탐사에 변화를 만들 잠재력을 가지고 있다.

나에게 가장 큰 영감을 준 롤 모델 가운데에는 국제적인 우주 지도자가 많다. 국제 학술대회의 단골 연사인 나는 영광스럽게도 전 세계의 훌륭한 이들을 만날 기회가 많지만 여자아이들로만 이루어진 아프가니스탄 로봇 팀 챔피언을 만났을 때보다 감명 깊은 순간은 없었다. 재능 있는 이 십대 소녀들은 승리를 거머쥐기까지 온갖 장벽과 마주해야 했다. 로봇 대회에 참석하기 위해 필요한 미국 비자를 거부당했던 2017년 낭패의 순간도 그중 하나였다. 결국 대중들이 들고일어났고 행사가 시작되기 겨우 며칠 전 학생들은 비자를 발급받을 수 있었다. 역경 속에서도 이 팀이 보여준 의지는 실로 대단했다. 이 학생들은 2001년까지 여자아이를 교육시키는 것이 금지되었던 탈레반 체제하의 전쟁터에서 자랐지만 가족과 친구들이 계속해서 폭력에 직면하는 가운데에서도 세계적인 수준의 STEM 실력을 갖추도록 노력했다. 이 팀을 이끈 파티마 콰더얀은 애절한 에세이를 통해 기회만 주어진다면 아프가니스탄 소녀들은 무슨 일이든 할 수 있다고 말하며 세상을 보여주려고 한 아버지를 가장 큰 지지자로 꼽았다. 비극적이게도 그가 메달을 들고 아프가니스탄으로 돌아간 뒤 불과 며칠 만에 아버지는 사원에서 ISIS의 공격으로 사망하고 말았다. 그가 속한 지역사회의 반발에도 불구하고 파티마는 팀에 남아 계속해서 팀과 자신의 국가를 이끄는 데 앞장섰다.

"이 소녀들은 수많은 어른들도 이해하는 데 애를 먹고 있는 사실을 알고 있습니다. 우주는 모두를 위한 곳이라는 사실이죠."

그들의 팀 매니저는 이렇게 말했다.

번창하는 우주 산업에 직접 몸담을 경우 분명 인류의 다음 번 거대한 도약에 동참하는 일이 쉬워지겠지만 이 같은 이야기는 우주 산업에 관여하는 일에는 국경이 없다는 사실을 보여준다. 행성 협회Planetary Society, 화성 협회Mars Society, 우주 개척 재단Space Frontier Foundation 등 수많은 지지 단체가 국제적인 참여 활동과 자원봉사를 주도하고 있다. 이 같은 단체들은 우주 탐사를 전 세계적인 담론으로 격상시키며 과학 커뮤니티와 일반 대중 사이에서 가교 역할을 하고 있다. 무엇보다도 이 같은 단체에 참여하는 일은 전적으로 온라인상으로 이루어질 수 있다. 우주 탐구 활동에는 장벽이 없다. 우주 탐사에 대한 열정과 지식을 갖춘 지지자가 되기 위해 특정한 학위나 경력이 필요하지는 않다. 우주에서 인류의 진보를 이루고 싶다는 열정만 있으면 된다. 우주 지지 단체의 가장 영향력 있는 회원 가운데에는 우주 산업 밖에서 종사하고 있지만 자신의 다양한 재능과 전문성을 우주를 향한 열정이라는 목표로 치환하는 이들이 있다. 물론 한 번 발을 디딘 뒤에는 수많은 사람들이 우주 산업에 본격적으로 뛰어들고 싶어 한다. 다행히 우주 산업에 미치는 영향은 기술자나 박사에게 한정된다는 생각은 우주 탐사가 미국인들만 추구하는 일이라는 가정만큼이나 잘못된 것이다.

우주 산업 하면 주로 '우주비행사'라는 직업이 떠오르지만 이는 빙산의 일각에 불과하다. 르네상스가 문화 운동을 의미하듯 우주시대 역시 마찬가지다. 우리는 새로운 사고방식이 예술, 과학, 문학, 의학, 법을 비롯한 많은 분야에서 어떻게 실현되고 있는지 이제 막 알아보기 시작했다. ISS는 공학의 업적이지만 그곳에 인간이 계속 거주할 수 있도록 유지하는 능력은 지상의 광범위한 인재들 덕분이다. 그들 중 일부는 생각도 못 했던 이들일 것이다. 우주비행사가 ISS에 가기 전에 요리사와 영양사가 식단과 비타민 권장사항을 최적화한 메뉴를 만들었다. 생리학자는 그들이 일상에서 수행할 운동 계획을 설계했고 언어학자는 그들에게 러시아어를 가르쳤으며 스쿠버 다이빙 교사는 우주 유영을 위해 그들에게 수중 훈련을 시켰다. 그래픽 디자이너는 우주비행사들의 미션 패치와 기자단 보도 자료를 디자인했고 사진작가는 그들의 모습을 사진에 담았으며 프로듀서는 그들의 모습을 NASA TV에 생중계했다. 공무원 및 소셜 미디어 전문가는 이 메시지를 더 많은 대중에게 전파했다. 프로젝트 조율자, 행정 보조관, 보안팀, 기술 문서 작성가, 품질 관리 전문가, 웹디자이너, 재무 분석가, 법률 전문가, IT 팀, 인사 전문가, 정부 연락 담당자, 역사가 등 다양한 인력이 NASA에 고용되어 있다.

더 넓은 개념인 민간 우주 산업에서는 대 정부 업무, 법률, 영업, 컴퓨터 공학, 마케팅, 디자인, 커뮤니케이션, 채용, 행사 기획 등 기술과 관련 없는 직종으로 다양하게 확장됐다. 스페이스X는 바리스타를 고용해 사내 시설에 카페를 만든 것으로 유명하다. 버진 갤럭틱은 우주비행 훈련사와 연류 있는 관리자를 둘 다 채용하고 있으며 블루 오리진은 STEM 교육 봉사 프로그램 전담팀을 운영하고 있다. 스페이스 어드벤처와 액시엄의 직원들은 자비 궤도 비행을 중개하는 우주여행 에이전트로 활동하고 있다.

여러분이 어떠한 재능을 갖고 있든 우주 탐사에 기여할 수 있는 부분이 있다. 우리는 새로운 거주지와 우주정거장을 설계할 건축가가 필요하며 지구로부터 멀리 떨어진 집을 살기 적절한 곳으로 바꿀 인테리어 디자이너가 필요하다. 차세대 다용도 우주복을 만들 디자이너가 필요하며 첨단 생명 유지 장치 제작에 참여할 의학 전문가가 필요하다. 종국에는 영감을 불어넣을 예술가와 작가, 기록을 남기고 순산을 포착할 기자와 사진작가, 차세대 학생들을 미래에 기여할 수 있는 의욕 넘치는 어른으로 길러낼 교육자가 필요하다. 오늘날 이처럼 다양한 전문가들이 이 분야에서 활동하고 있는 모습이 놀랍게 느껴진다면 우주 경제가 본격적으로 시작된 후 이후를 상상해 보라. 소행성 채굴, 우주에서의 제조, 궤도 여행의 시대에 우리는 차세대 건축이나 고객 서비스, 접객 산업을 상상할 수 있다. 광산을 운영, 관리하는 우주비행 광물 업자, 크루즈 여행에서 우주여행으로 갈아탄 연예인 등 우주시대에 걸맞는 수많은 직업들을 상상할 수 있다. 물론 이러한 미래를 구축하는 인류의 능력을 증진시키는 일은 2진법이 아니라 스펙트럼에 가깝다. 많은 이들이 현재 직업에 만족하거나 다른 일에 매여 있지만 작아도 의미 있는 방식으로 우주 산업에 기여하고 싶어 한다. 이 같은 열정을 보이는 이들은 자신의 미래를 그려보고 우주 안에서 자신의 위치를 그려볼 줄 안다. 이곳 지구에서 우주에 참여할 수 있는 경력 분야가 다양해질수록 우주비행사의 매력은 피할 수 없을 것이다. 나에게 있어 우주에의 문턱을 낮추는 일은 내가 그곳에 갈 수 있는 기반을 닦는다는 의미이기도 하다.

준궤도 우주 관광의 시대

MDRS에서 이루어진 승무원 교대를 통해 나는 잠깐 우주에서 생활하고 일하는 경험을 해볼 수 있었다. 그 경험을 통해 평범한 시민들이 우주 과학과 기술에 큰 영향을 미칠 수 있다는 소중한 교훈을 얻었다. 아이디어와 내용, 심지어 사업 자금조차 대중의 참여를 통해 해결하는 세상에서 이 같은 모델을 과학에 적용하면 안 될 이유가 어디 있겠는가? 알고 보니 NASA도 그렇게 생각했는지 휴대전화나 노트북만 있으면 누구나 웹사이트를 통해 과학 연구에 참여할 수 있는 '시민 과학 프로젝트'를 운영하고 있었다. 이 프로젝트는 소행성을 발견하고 태양계 외행성을 찾아내는 일부터 다른 세계의 이미지 처리와 색 보정에 이르기까지 방대한 자료를 샅샅이 뒤져 패턴과 이상 징후를 파악하는 일을 수행할 예리한 눈을 가진 우주 '덕후'는 언제든 환영할 준비가 되어 있었다. 열정적인 대중과 협력할 경우, NASA 과학자들은 망원경, 탐사선, 인공위성이 보내온 엄청난 양의 자료 가운데 과학적으로 가장 흥미로운 이미지나 지질학적 특징에 시간과 관심을 우선적으로 할애할 수 있다. 시민 과학자들 입장에서는 이 같은 참여를 통해 우주 탐사에 적극적인 역할을 맡을 수 있고 진정한 탐사 기회를 얻게 된다. 이들은 인간이 한 번도 보지 못한 화성이나 목성의 각도를 처음으로 보거나 태양계 너머 완전히 새로운 행성을 발견할 때도 많다. 나는 주노Juno 우주선에 실린 카메라, 주노 캠에서 보내온 이미지를 살펴보다가 NASA의 시민 과학에 참여하게 되었다. 이 프로그램 덕분에 목성의 극지점을 최초로 근접 촬영했을 뿐만 아니라 수많은 '좋아요'를 받은 지질학적 특징을 얻을 수 있었다. 아마추어 천문학자들은 온라인 주노 캠 커뮤니티를 통해 자신들의 망원경으로 직접 찍은 목성 사진을 업로드하는데, NASA는 이 사진들을 살피면서 주노 캠이 이 거대 가스 행성의 어떠한 부분을 집중 촬영해야 할지 결정했다. 가장 많은 요청을 받은 특징적인 이미지가 선정되면 NASA는 원본 파일을 온라인에 공유해 사용자들이 각자 이미지를 처리하고 색 보정을 한 뒤 최종 결과물을 커뮤니티 게시판에 올리도록 했다. 나는 망원경이 없었지만 NASA 웹사이트에서 추천한 무료 소프트웨어를 이용해 주노 캠의 원본 사진을 하나의 예술 작품으로 바꾸는 법을 빠르게 습득했다.

과학 연구가 온라인 디지털 수단뿐 아니라 오프라인에서도 기여할 수 있는 기회도 많다. 물리적 연구는 그 어느 때보다도 활발히 진행되고 있었다. 우주로의 접근이 더욱 용이해지고 발사 비용이 낮아지면서 학생들이나 과학자, 연구자는 새롭고 흥미로운 기회를 누리고 있다. 우주 산업에 푹 빠진 나는 직접 우주비행을 하겠다는 꿈을 포기할 수 없었다. 지구의 모의 시설에서 연구를 수행하는 것도 흥미로운 경험이었지만, 나는 우주여행에서만 느낄 수 있는 진짜 경험을 갈망했다. 다행히 우리는 우주비행의 분수령에 빠르게 접근하고 있었다. 신뢰할 만한 수준의 준궤도 우주 관광의 등장은 여행객뿐 아니라 과학계에서도 곧 이 기반의 활용이 가능함을 의미한다. 고등학생이나 대학생들은 NASA의 비행 기회Flight Opportunities 프로그램이 지원하는 보조금을 통해 초소형 인공위성인 큐브샛CubeSat을 비롯한 다른 실험 장비를 민간 우주선에 실어 보낼 수 있다. 그리고 우주선이 사람을 실어 나르기 시작하면 연구팀은 이 실험 장비와 함께 탑승할 수도 있다. 탑승 실험 과학자로 일하는 것은 궁극의 시민 과학 캠페인이자 나의 상상 속에 오래전부터 자리 잡은 야망이었다. 기쁘게도 나는 곧 정확히 그 미션을 수행하기 위한 비행사들로 이루어진 재능 있는 연구진을 찾아냈다.

프로젝트 포썸[17]은 대부분의 연구 프로젝트처럼 과학적 호기심에서 탄생했다. 이번에 그 호기심을 자극한 것은 야광운Noctilucent Clouds이었다. 극지방의 여름철 지표면으로부터 거의 80킬로미터 위에 형성

---

17) Polar Suborbital Science in the Upper Mesosphere, Project PoSSUM 준궤도 연구 및 교육 프로그램으로 상층 대기의 역동성을 이해하고 지구 기후 변화에 미치는 영향을 연구

되는 이 신비한 구름은 대기 변화를 보여주는 민감한 지표로 여겨졌다. 최근 몇십 년 동안 야광운은 더 밝아졌고 더 자주 나타났으며 그 어느 때보다도 낮은 위도에서 형성되고 있었다. 이 얼음 구름은 차가운 기온과 수증기가 있어야 이산화탄소와 메탄을 결합시켜 형성되므로 과학자들은 그 존재가 인간이 초래한 기후 변화와 직접적인 관련이 있을지도 모른다고 가설을 제기했다. 지구 상층 대기권에 존재하는 야광운을 연구하는 과정은 화성 같은 다른 행성에서 형성되는 높은 고도의 밀도가 낮은 구름을 이해하는 데 도움을 주었다. 나는 곧바로 연구에 뛰어들었다.

대기권 상층부를 연구하는 초고층 대기 물리학은 줄루어를 공부하는 것만큼 낯설진 않았지만, 학습 곡선에 있어서는 상당히 비슷한 경험을 선사했다. 놀랍게도 성층권과 열권 사이에 자리한 중간권에 관해서는 연구가 거의 진행되고 있지 않았다. 내가 이 중간권에 대해 마지막이자 유일하게 보거나 들은 것은 중학교 때 단발적으로 암기 연습을 하던 때였다. 종종 간과되는 이 고도에는 풀어야 할 수수께끼가 한가득이었다. 세상에서 가장 똑똑한 과학자들조차 이 중간권에 대한 정보가 거의 없다는 사실에 나는 마음이 놓였다. 이는 이곳 지구의 행성 과학에 직접적이고 의미 있는 영향을 미칠 기회가 어마어마하다는 의미였다. 중간권에 대한 이해가 부족한 이유가 그곳에 도달하기 위한 수단이 없기 때문이라는 것을 알게 되었다. 풍선과 제트기는 그곳에 도달할 만큼 높이 날 수 없으며 궤도 우주선은 근접 연구를 진행할 만큼 낮게 내려갈 수 없다. 준궤도 우주비행은 미탐사 지구 대기층의 비밀을 풀어헤치기에 딱 좋은 해결책이었다. 이 우주선을 이용할 경우, 연구진은 이 대기층으로 곧바로 날아가 발사와 재진입 순간의 영상을 포착하고 측정해 샘플을 수집할 수 있었다.

이 과제를 수행하기 위해 국제우주과학연구소International Institute of Astronautical Sciences(IIAS)와 협력하여 프로젝트 포썸의 과학자-우주비행사 자격 프로그램이 탄생했다. 물리학자이자 전 NASA 시스템 공학자였던 제이슨 레이뮬러Jason Reimuller 박사의 지도 아래 국제우주과학연구소는 준궤도 연구 비행을 수행할 과학자들을 훈련시키는 세계 정상급 항공학 연구 및 교육 프로그램으로 급성장했다. 이 준궤도 연구 비행을 통해 세계 기후에서 대기의 역할이 무엇인지 종합적으로 연구할 수 있게 되었다. 처음부터 레이뮬러 박사는 전 세계 과학자와 STEM 전문가를 불러 모으는데 전념했다. 그는 시민 과학이 국제 과학 커뮤니티의 참여를 유도함으로써 NASA 연구를 보충할 수 있을 거라 생각했기 때문이다. 자격을 갖춘 후보자들은 NASA가 지원하는 연구의 일환인 극지방 중간권 구름 영상과 단층촬영 실험에 대비해 장비 운전 및 작동 훈련을 받았다. 관심이 높아지고 능력이 입증되자, 국제우주과학연구소는 과학자-우주비행사 후보자들에게 우주생리학 같은 훨씬 더 광범위한 우주 과학 분야를 준비시켰다. 극미 중력 연구를 발전시키고 독창적인 생명유지 장치 개발을 지원하기 위해 파이널 프런티어 디자인Final Frontier Design과 협력했다. 그들이 제작한 차세대 우주복은 NASA 우주법 협약Space Act Agreement을 통해 지원되었다. 과학자-우주비행사 후보자들은 이 우주복을 극미 중력 환경, 고 중력 환경, 아날로그 비행, 착륙, 착륙 후 환경에서 평가하고 시험했다. 새로운 세대의 연구진은 물론 민간 우주비행사, 탑승 실험 과학자에게도 우주의 경계가 조금씩 열리고 있었다. 우주시대에 살고 번창한다는 것은 바로 이런 것이었다. 나는 처음부터 이 과정에 참여하고 싶었다.

2017년 과학자-우주비행사 자격 프로그램 최종 여덟 명에 선발된 나는 짐을 싸서 플로리다 데이토나 해변으로 향했다. 딸을 출산한 지 4개월이 채 되지 않았지만 빠른 속도로 회복 중이었고 연방항공청 신체검사에서 3등급을 받은 덕분에 훈련 자격을 얻게 되었다. 나는 지난 몇 개월 동안 아기 젖병과 기저귀, 기후 과학에 관한 웨비나(웹 기반 세미나-옮긴이) 수업, 원격 탐사, 천체 역학 공부로 정신없는 시간을 보냈다. 이제 실제 훈련을 받을 차례다. 높은 고도와 저산소증 인지, 고 중력 및 극미 중력 인내 연습, 100퍼센트 가압된 우주복을 입은 채 하는 모의 우주비행, 항공 생리학, 기기 장치 작동에 초점을 맞춘 고강도 훈련이었다. 이 모든 과정을 성공리에 완수하면 나는 하늘로 날아올라 준궤도 우주비행 연구 임무를 수행할 후보자가 된다. 다시 우주복을 입게 된 것도 모자라 자그마치 MDRS에서 내가 테스트했던 선외활동 우주복 시제품을 만든 파이널 프런티어 디자인에서 제작한 우주복을 입게 된 나는 들뜨지 않을 수 없었다. 이번에는 준궤도 우주비행을 위해 특수 제작된 우주복인 차세대 선내활동(IVA) 우주복을 시험하게 된 것이다. 엠브리 리들 항공 대학 강의실에 모인 우리 여덟 명은 웨비나 수업에 이어 초고층 대기 물리학, 야광운 과학, 태양 역학, 승무원 자원 관리에 대해 더욱 깊이 공부했다. 실습 훈련은 이론수업과 더불어 육체적으로나 운용상으로 준궤도 우주 연구의 어려움에 대비하게 할 것이다.

첫 번째는 높은 고도 훈련이었다. 우리는 우주선 감압이 신체에 미치는 위험에 대해 배웠다. 급작스러운 감압은 압력 변화가 너무 빨라서 폐에서 공기가 안전하게 빠져나오기에 치명적일 수 있다. 점진적인 감압 내에서는 서서히 적응하도록 유도해 목숨을 지킬 수 있지만 애초에 감압이 일어나고 있다는 사실을 인지해야만 가능한 일이다. 점진적인 감압은 너무 천천히 일어나는 바람에 저산소증이 시작되는 것을 알아차리지 못할 수 있다. 이러한 응급 상황에 대비하는 가장 좋은 방법은 저산소증을 천천히 경험해 봄으로써 개별적인 자체 경고 증상을 인식할 수 있도록 만드는 것이다. 혈중 산소 감소를 경험하기 위해 남부 항공의학 연구소Southern AeroMedical Institute로 향했다. 우리는 아침마다 저기압실에서 모의 우주선을 조종했다. 산소 농도를 측정하는 장비에 연결된 나는 조종산을 꽉 움켜쥔 채 산소 공급이 줄어들기를 기다렸다. 해수면에 이르렀을 때만 해도 나는 초롱초롱한 상태였다. 하지만 7,600미터(비행기가 운항하는 고도

바로 아래)에 도달했을 때 나의 산소 농도는 70퍼센트 이하로 떨어졌고, 항공 교통관제소와의 통신이 두드러지게 지연되었다. 혀가 묵직해진 기분이었고 말이 쉽게 나오지 않았다. 우주선을 제어하고는 있었지만, 얼굴이 뜨거워지고 피로가 잔뜩 몰려왔다. 내가 이 증상을 보고하자 헤드셋에서 "좋다, 내려오라"는 소리가 들렸다. 우주선을 하강시키자 산소 농도는 정상으로 돌아왔고 증상도 사라졌다. 그 다음 며칠은 고중력 훈련을 했다. 우리는 전설적인 곡예비행사 패티 웨그스테프Patty Wagstaff와 그의 팀 지도하에 실제 하늘을 날았다. 엄청난 곡예비행 스트레스를 견디도록 특별 제작된 그의 2인승 항공기를 타고 연속 횡전, 급상승, 급강하를 통해 우리는 비행사와 우주비행사를 힘들게 하는 세 가지 주요 중력 변화를 견디는 법을 배웠다.

우선, 양의 중력은 비행기나 로켓이 중력에 저항해 나아갈 때 피가 머리에서 빠져나가 발로 향하게 만드는 '눈알을 쏙 들어가게 만드는' 가속력이다. 우주선이 발사되는 동안 우주비행사는 지구에서 경험하는 중력의 최대 세 배에 달하는 약 3G를 경험한다. 훨씬 더 강도가 높은 중력은 신체에 해로울 수 있는데 9G에서 대부분의 사람들은 피가 뇌에 도달하지 못해 의식을 잃고 만다. 우주비행사들은 이 같은 위험에 대비해 맞춤 제작된 중력 복장을 입고 고중력에 견딜 수 있도록 신체를 훈련한다. 반면, 음의 중력은 '눈알 튀어나오게 만드는' 가속력으로 정반대의 감각을 가져온다. 비행기가 일반적인 자유낙하보다 빠른 속도로 떨어질 경우 피가 머리로 쏠린다. 음의 중력은 안전한 범위가 더 좁다. -4G나 -5G가 되면 혼미해지거나 의식을 잃을 수 있다. 마지막으로 비행기나 우주선이 자유낙하 속도로 떨어지며 가속도가 0인 제로G 상태가 되면 우주비행사는 기분 좋은 무중력에 가까운 경험을 하게 된다. 고강도의 가속력을 견디는 데 도움이 되도록 설계된 몸에 꽉 끼는 중력 충격 예방 바지(일명 우주바지)를 입고 나는 엑스트라 EA-300 곡예비행용 2인승 비행기에 올라탔다. 교실에서 배웠던 고중력에 대비한 기술들을 연습하는 것이 목표였다. 가장 효과적인 방법은 후크 조종Hook Maneuver이라 부르는 반중력 훈련이다. 의성어를 사용한 호흡 요령으로 "후-" 하고 숨을 깊이 들이마신 다음에 "크-"라고 내뱉으면 된다. 데이토나 해변의 화창한 하늘 위에서 나는 주변부 시야가 회색이 될 때까지 숨을 깊게 들이 마신 다음 내뱉었다. 5.5G에 다다르자 내 몸무게의 거의 여섯 배에 달하는 힘이 느껴졌다. 내가 숨을 내쉬려는 찰나 비행기가 거꾸로 돌더니 수평비행을 시작했고 우리는 제로G로 빠르게 떨어졌다. 짜릿한 경험이었다. 나는 +G와 -G에서 버티는 연습을 반복했고, 늘 짧은 무중력의 희열로 마무리했다.

지상으로 돌아온 우리는 다시 엠브리 리들 항공대학교로 향했다. 다음 훈련은 가압복을 입고 벗는 법 익히기와 3.5psi(평방 인치당 파운드, 압력을 나타내는 단위-옮긴이)까지 직접 압력을 기했다가 필요할 때 제거하기였다. 각자 우주복 기술자와 짝을 이루어 훈련을 받았다. 완전히 가압된 상태에서 생명 유지 장치를 편안하게 작동할 수 있게 되자 우리는 돌아가면서 모의 우주선에 탑승했다. 시뮬레이터는 버진 갤럭틱 비행 경로로 프로그램 되어 있었다. 훈련 덕분에 우리는 준궤도 비행을 하는 동안 카메라 장치를 작동시키고, 주어진 과학적 임무를 수행할 수 있게 되었다. 우리의 임무는 단층촬영과 야광운의 현장 표본 추출을 통해 상층 대기의 이전에 없던 모델을 구축하는 일이었다. 이 프로그램을 성공적으로 완수하려면 우주선 시뮬레이터를 완벽하게 운행해야 했고, 우주선이 정점에 달하기 직전에 카메라 장치를 설치하고 탐사선이 재진입하기 전에 찾기 힘든 야광운을 촬영해야 했다. 우주복을 입고 최적화된 손놀림을 위한 장갑까지 낀 상태에서 그렇게 작은 장치를 다루려면 정교함과 인내심이 필요하다. 학교를 졸업할 무렵 우리는 그냥 승무원이 아니었다. 우리는 극한의 환경에서 서로를 지지하는데 익숙해진 우주 가족이 되어 있었다.

승무원들의 다양성은 인상적이었다. 남자 넷 여자 넷으로 이루어진 우리는 항공 우주 산업에서 한 번도 본 적 없는, 성별 구성이 완벽하게 평등한 조직이었다. 구성원의 출신 국가 또한 굉장히 고무적이었다. 나는 우주 프로그램에서 가장 흔하게 볼 수 있는 미국인이었지만, 내 동료들은 우주비행이라는 공통의 꿈을 좇고 이 꿈에 헌신하기 위해 전 세계에서 이곳까지 온 사람들이었다. 그들 상당수가 자국만의 우주 프로그램이 없는 나라에서 왔으며 전투기 조종사와 외상외과 의사, 재료 과학자 등 다양한 배경을 지니고 있었다. 훈련 프로그램을 성공리에 완수한 우리는 모두 과학자-우주비행사 후보라는 꿈의 타이틀을 얻었으며 목표를 향해 한 발 더 나아가게 되었다. 졸업을 하고 학위를 수여받은 뒤 나는 일곱 명의 수습생과 어깨를 나란히 한 채 카메라 앞에 섰다. 각 국기 패치들이 담고 있는 다양한 이미지와 색상을 바라보며 '이것이 우주비행의 미래구나'라고 생각했다. 준궤도 우주비행은 우리 같은 세계 각지의 과학자들이 우주에 갈 수 있는 기회를 동등하게 누릴 수 있도록 우주비행의 대중화에 기여할 것이다. 우주비행이라는 나의 꿈이 '만약에'가 아니라 '언젠가'가 된다고 생각하니 날아갈 것 같은 기분이었다. 훈련을 무사히 마치자 나는 우주복 시험과 극미 중력 비행을 즐겼던 이곳 지구에서 수많은 우주 연구 임무를 수행할 수 있는 사람이 되어 있었다.

프로젝트 포썸과 국제우주과학연구소에서 과학자-우주비행사 후보자로 일하면서 내 앞에는 연구와 시민 과학이라는 완전히 다른 세상이 열렸다. 나는 중간권에 여전히 관심이 많았지만 인적 인자와 우주비행의 생리학적 영향에 초점을 맞춘 연구 분야인 우주생리학에 푹 빠졌다. 대기권의 상층부처럼 극미 중력의 영향도 그 상태에 도달하기 어렵다는 이유로 아직 제대로 파악되지 않은 상태였다. 우주에서 기술과 인간의 성능을 평가하는 유일한 방법은 극미 중력 상태에서 연구를 수행하거나 최소한의 충실한 환경에서 모의실험을 신행하는 것뿐이다. 지상의 유사 환경으로는 분명 한계가 있었다. 우주비행의 무중력 감각을 진정으로 경험하려면 하늘로 가야 했다.

MDRS에서의 승무원 교체가 있은 지 4년 후, 나는 정확히 그 일을 하기 위해 특별 개조된 팰컨-20 실험 항공기의 시험 비행 승무원으로 합류했다. 캐나다 국립연구위원회(CNRC)와의 협력 하에 나는 탑승 실험 과학자이자 피실험자로서 극미 중력 연구를 위한 비행에 수차례 올랐다. 극미 중력을 실험하고 무중력에 가까운 연구 환경을 조성하기 위해 항공기는 롤러코스터와 별로 다를 바 없는 포물선 비행 표준을 계획했다. 항공기를 끌어올리면 '눈알이 쏙 들어가는' 양의 중력이 생성되고 항공기가 포물선 꼭대기에서 잠시 평행선을 그리다가 하강하면 25초에서 30초 동안 항공기 내의 모든 것이 무중력 상태를 경험하는 자유낙하 상태가 된다. 이 같은 경로를 반복하다 보면 연구진과 그들의 실험은 극미 중력 환경을 몇 분 동안 경험하게 된다. 포물선의 기울기를 조절함으로써 비행사는 달(1/6)이나 화성(1/3)에서의 중력을 모방한 중력 감소 환경을 조성할 수도 있다. 예전에 나는 제로 그래비티 코퍼레이션^{Zero Gravity Corporation}에서 개조하여 만든 보잉 727(G-포스원으로 불린다)에 탑승한 적이 있었기에 푹신한 선체를 자유롭게 떠다니는 느낌에 익숙했다. 조종석에서 꼬리 부분까지 슈퍼맨처럼 날아다니며 혀끝으로 스키틀 젤리나 물방울을 낚아채고 지구에서는 할 수 없는 곡예에 가까운 움직임을 수차례 선보였다. 캐나가 국립연구위원회가 개조한 팰컨-20은 훨씬 작지만 선실은 상용 준궤도 우주선 내부와 거의 흡사해 우리가 느끼는 감각도 거의 비슷하다. 포물선 비행 표준 덕분에 나는 생체 분석과 우주복 성능 테스트부터 유체 배열, 고형 물체 회전에 이르기까지 수많은 극미 중력 실험을 할 수 있었다. 우리 팀은 수년 동안 캐나다 우주국, 파이널 프런티어 디자인, MIT 등 수많은 연구 협력자들을 위해 값진 자료를 수집했다.

무중력을 경험하는 것은 독특한 느낌이다. 팔다리를 편안하게 늘어뜨리고 물 위에 떠 있다고 상상해보자. 거기에서 아래 닿는 물의 느낌만 없다고 상상하면 극미 중력에서 어떠한 느낌을 받게 되는지 대략 알 수 있을 것이다. 하지만 위가 예민한 사람이라면 그렇게 평온하지만은 않을 수 있다. 우주선이 아래로 곤두박질할 때 롤러코스터를 타는 것처럼 심장이 덜컥 내려앉지는 않지만 NASA 우주비행사 후보자들 일부가 경험하는 방향 감각 상실과 메스꺼움(우주 멀미라고 일컫는) 때문에 훈련 비행체를 '구토 혜성'이라 부르기도 한다. 나에게는 극미 중력이 즐거운 경험이었으나 고통스러워하는 동료들을 본 적이 있다. 전 좌석에 찍찍이로 부착되어 있는 작은 종이봉투는 토사물이 객실 내에 둥둥 떠다니지 않도록 예방하기 위해 급조된 해결책이다. 비행기 좌석 뒷부분 주머니에 들어 있는 것과 크게 다르지 않다.

찍찍이는 포물선 비행에서 토사물 봉지 다음으로 중요한 물건이다. 방향감각 상실을 전혀 경험하지 않더라도 극미 중력에 적응하기란 쉽지 않기 때문이다. 일반적인 중력 하에서 우리는 무언가를 아래에 내려놓으면 그 물건이 정확히 그곳에 있을 거라고 생각한다. 하지만 무중력에서는 그렇지 않다. 숫자를 적거나 측정하는 단순한 일조차 극미 중력에서는 체계적으로 여러 단계를 거치는 절차가 필요하다. 우주복 주머니나 묶어둔 벽에서 펜의 고정 핀을 제거한 뒤 사용해야 하며, 사용한 직후 펜을 다시 끼워 넣거나 고정해야 한다. 모든 것을 제자리에 고정해두지 않으면 우리는 객실 내에 떠다니는 잔해들을 피해 다녀야 할 것이다.

나는 무중력의 즐거움을 하루 종일 만끽하며 보낼 수 있지만 날아다니면서 해야 할 일이 있다. 그러한 일들은 고도의 긴장과 집중력이 필요하다. 우주복 테스트를 위해 나는 파이널 프론티어 디자인에서 만든 선내활동 우주복을 입고 완벽하게 가압된 상태로 날아다니며 극미 중력 상태에서 내 좌석으로 들어가고 나오는 연습을 했다. 장갑의 성능을 평가하고 다양한 연구소에서 의뢰한 수많은 탑재 화물 실험을 수행하기도 했다. 우주복을 입은 상태로 캐나다 우주국에서 의뢰한 흥미로운 실험도 진행했는데 우주비행사의 일상 업무에 맞춰 설계된 입을 수 있는 편안한 스마트 셔츠인 생체 모니터링 속셔츠를 통해 혈압, 체온, 호흡과 심박수, 혈중 산소 농도 같은 수치를 실시간으로 측정하는 것이다. 극미 중력이 인체에 미치는 장기적인 영향에 대해서는 우리가 모르는 사항이 많지만 상당한 영향을 미친다는 것만은 분명하다. 우주비행사들은 근위축 가속화와 골밀도 감소를 예방하기 위해 우주에서 엄격한 운동 프로그램을 실시한다. 생체 감시 같은 통합 기술을 통해 우주비행사들의 신체 상태를 꼼꼼히 점검하는 과정은 지상 의료팀 및 연구팀에게 값진 정보를 제공하는 것이다.

우리는 국제우주정거장 시험 발사에 앞서 생체 감시 프로그램과 관련된 자료를 수집하고 이 프로그램의 유효성 검증 작업을 도와달라는 요청을 받았다. 이는 우리 팀이 무중력에서 실시한 일련의 훈련을 완료하는 동시에 극미 중력에서 이 프로그램을 시험해볼 기회를 얻게 되었다는 것을 의미했다. 나는 극미 중력 상태로 좌석에서 빠져나와 선실 바닥에 발을 디딘 뒤 스쿼트를 비롯한 다른 유산소 운동을 수행해야 했다. 중력에서는 벗어난 상태지만 우주복을 입고 운동하는 것은 보기보다 훨씬 더 어려웠다. 많은 자료를 수집한 지 몇 주 후에 국제우주정거장에서 캐나다 우주비행사 데이비드 세인트 자크를 대상으로 생체 모니터 실험이 진행되는 것을 만족스럽게 바라보았다.

다른 비행에서는 우주복을 입은 피실험자의 조수로 참여해 우주복을 입은 동료가 헬멧을 벗고 압력을 가하고 빼내는 일을 도와주기도 했다. 이 비행을 통해 많은 시간을 투자한 교차 훈련의 중요성을 깨닫게 되었다. 다른 구성원이 아플 때(무중력 상태에서는 흔한 일이다) 나는 곧바로 뛰어들어 생체의학 모니터를 넘겨받아 동료의 이산화탄소 농도를 측정했으며 심장 박동 수, 체온, 맥박 산소 포화도 지수 같은 주요 지표가 안전 범위 내에서 벗어나지 않는지 확인했다. 나 자신의 생체 지수를 측정하기도 했다.

한 번은 탑승 직전에 캐나다 국립연구위원회에서 준 작은 실험 장치를 삼킨 적이 있었다. 비행 중 나의 내장 체온을 측정하도록 설계된 알약 모양의 블루투스 장치였다. 이 장치가 소화되자 내 위로 들어간 알약을 손바닥 크기의 작은 태블릿에 '연결'시켜 나의 생체 리듬을 실시간으로 추적할 수 있었다. 약 15분 동안 나와 이 장치가 연결되었다 끊어졌다 하는 느낌을 즐기며 인간과 기기 간의 이 같은 상호 작용이 가능한 시대에 태어난 자신을 축복했다. 그 후 며칠 동안 나는 샛노란 의료 팔찌를 착용하도록 지시받았다. 내가 일시적으로 MRI를 찍을 수 없다고 응급구조요원에게 알리는 표시였다.

비행사들의 움직임과 실험 규정은 각 포물선마다 꼼꼼하게 설계되었지만 비행사들이 이 기이하고 놀라운 무중력 감각에 익숙해지고 편안해지도록 처음 두 번의 포물선 비행은 거의 동일하게 유지되었다. 이 비행을 하는 동안 비행사들은 실험을 수행하기 전에 개인적인 작은 기념품을 띄울 기회를 얻는데, 그때마다 나는 늘 딸아이의 미션 패치를 띄운다. 아이가 태어나기 직전 솜씨 좋은 NASA 미션 패치 디자이너인 팀 가농이 만들어준 특별한 기념품이다. 내 헬멧 앞에서 패치가 떠다니는 모습을 바라보고 있으면 내 세상을 파고 드는 가면 증후군에서 벗어날 수 있다. 이 패치는 우주 탐사에 기여하는 데 특별한 배경이나 학위가 필요한 것은 아님을 상기시키는, 작지만 확실한 증거다. 직업으로든 취미로든 우주에는 우리 모두 기여할 수 있는 부분이 있다. 딸아이 세대에는 이러한 접근 기회가 훨씬 넓어질 것이다.

　백 년 전, 비행기는 군사 시험 비행 조종사만 다룰 수 있는 장치였다. 규제 없이 운행된 초기 비행들은 실험적이었다. 1920년대가 되어서야 상업 항공 분야가 급증했으며 기준 정립 및 기반 시설 지원과 함께 대중을 상대로 한 홍보가 이루어지면서 안정적인 민간 산업이 구축되었다. 그리하여 오늘날 항공 여행은 일상생활의 중요한 요소로 자리 잡았다. 1년 동안 전 세계적으로 40억 번이 넘는 비행이 이루어진다. 지금으로부터 백 년 후 세상이 상상이 되지 않는가. 지금은 생소한 우주비행이 비슷한 과정을 거쳐 우리가 생활하고 일하고 여행하고 탐험하는 방식을 바꿀 것이다.

　오늘날 우리는 우주비행의 황금기로 가는 문턱에 서 있다. 기술력은 달성했어도 실질적인 적용은 정부, 군사, 실험 인력으로 한정되어 있었다. 하지만 우주 관광, 그중에서도 준궤도 우주비행은 이를 바꾸고 있다. 민간인, 학생, 과학자, 관광객 모두에게 우주여행의 길이 열리고 있는 것이다. 관광 산업으로서 우주여행의 가치를 비웃는 것은 근시안적인 관점이다. 더 나쁜 것은 상상력의 실패이다. 우주 관광은 지구 준궤도를 상업화할 수 있는 기회를 선사한다. 초기 탑승권은 누군가에게는 말도 안 될 만큼 비싸겠지만 일반 대중이 비행할 수 있는 기회를 누리게 된 것 자체는 굉장히 중요한 이정표이며 이 비용은 결국 사회 전체의 이익으로 돌아갈 것이다. 준궤도 관광 산업 계획은 최대한 많은 사람이 우주비행의 경이로움을 경험하도록 하기에는 아직까지 기술과 영업에 대해 풀어야 할 과제가 많다. 하지만 과거 우주비행사를 꿈꾼 수많은 이들을 좌절시켰던 제한적 요건들이 폐지되었다. 준궤도 우주비행에서는 정상 시력도, 완벽한 청력도, 알맞은 키도 필요 없다. 관리만 잘 된다면 기저 질환도 안전한 우주비행의 걸림돌이 되지 않는다.

2017년 미국 연방항공청은 누구나 준궤도 비행의 스트레스를 견딜 수 있는 능력을 갖추고 있다는 사실을 입증하는 연구에 자금을 지원했다. 우주 생활에 대한 적합성 검증을 위해 19세에서 89세 사이의 지원자들은 국가 항공우주산업 훈련 및 연구 센터의 원심분리기로 올라갔다. 그곳에서는 두 개의 축 사이로 곤돌라가 회전하면서 6G를 만들어내고 있었다. 버진 갤럭틱은 애초부터 다양한 건강 상태를 고려해 우주비행 의료 프로그램을 설계했다. 거액의 탑승권을 구매할 여력이 될 인구 통계를 고려해 승객들의 연령대가 높을 것이며 비행사들보다 평균적으로 병력이 길고 다양할 거라고 판단했다. 초기 NASA에서 부적격이라고 여겨진 이들을 받아들이는 것은 자격과 접근성에 있어 단계적인 변화가 이루어졌음을 의미한다. 이는 우주생리학, 우주의학, 특수 장비의 미래를 넓힐 것이 분명하다. 우리는 결국 지구 밖 다른 행성에 거주하게 될 것이기에 더 광범위한 인류를 수용하도록 우주비행의 문턱을 낮추려는 사업이 있다면 발 벗고 나서서 지원해야 한다.

값비싼 탑승권은 이 고무적인 경험을 자신의 브랜드에 녹여내고 싶어 하는 기업들을 끌어들일 것이다. 상업 광고, 경품 추첨, 후원 홍보 활동을 따라 기업들의 광고비가 우주 산업으로 유입될 것이며 이에 따라 늘어나는 비행 횟수와 탄탄해진 소비 시장이 우주비행 비용을 낮추는데 일조할 것이다. 결국 준궤도 비행 비용은 1등석 비행기 값 정도밖에 되지 않을 것이다. 튼튼한 준궤도 우주비행 시장은 다른 누군가에게는 더 실용적일 수 있는 여행 수단 개발에도 도움이 된다. 뉴욕에서 도쿄 사이 승객을 두세 시간 내에 실어 나를 수 있는 지점 간 극초음속 비행이 대표적인 예다. 비행기가 처음 개발되었을 때 기존 이동 시간에 비해 엄청나게 절약된 시간 내에 우리를 다른 주나 다른 나라로 이동시켜줬던 것처럼 지점 간 준궤도 우주비행 기술은 훨씬 더 빠른 이동을 가능하게 할 것이다. 또, 몇 시간씩 걸리는 현재 여정이 몇 분으로 단축되면서 다시 한번 세계 경제와 사회가 재정립될 것이다. 가장 흥미로운 점은 준궤도 우주 관광이 완전히 새로운 목표로 우주비행에 접근하고 있다는 것이다. 최초의 몇백 명이 우주에 발을 디뎠을 때만 해도 이 비행은 온전히 기능에만 초점이 맞춰져 있었다. 하지만 다음 수백 명의 사람들이 우주를 여행하게 되면 우리에게는 이 경험을 최적화할 수 있는 기회가 생기는 것이다. 우주비행선의 내부는 떠다니는 고객의 경이로움을 극대화하기 위해 설계되었다. 우주여행객은 거대한 객실 창문을 통해 지구는 물론 77억 명의 다른 지구인들을 내려다볼 수 있을 것이다. 이제 이 놀라운 경험은 우주여행의 주요 목적이다. 우주여행의 다음 물결의 주인공은 공학자가 아니다. 중요한 점은 바로 그것이다.

우주비행의 경이로움을
전하는 소통전문가

스푸트니크호의 출항이 우주시대의 시작을 알렸을지 모르지만 아폴로호의 달 착륙은 우주시대의 기반을 단단히 다지며 인류의 천문학적인 궤적에서 중요한 이정표를 세웠다. 지구 저궤도 너머로 떠난 초기 우주여행의 귀중한 과학적 자료는 이 미션의 엄청난 노력이나 비용을 정당화할 만큼 충분히 방대했지만 이 자료만으로는 인간이라는 감성적인 종에게 이 여정에 내재된 열정과 여정이 미치는 심오한 영향을 온전히 전달할 수 없었다. 토질 역학 실험은 달 토양의 특징을 살펴보는 아주 중요한 연구였지만 대중에게 감동을 안겨주지는 않았다. 이와 마찬가지로 1969년 혹은 지금 우주에 열광하는 대중 가운데 아폴로 11호에서 가장 인상적인 부분으로 레이저 거리측정 반사판[18]이나 수동 지진 실험을 꼽는 사람은 거의 없을 것이다. 달 표면 실험에서 수집된 자료는 과학계의 놀랍고 중요하

---

18) 레이저가 거울에 반사되어 돌아오는 시간을 계산해 지구와 달 사이 거리를 측정함

업적을 상징했지만 전 세계 사람들의 마음과 상상력을 사로잡지는 못했다. 아폴로호에 대한 집단적인 기억과 깊은 인상은 아폴로호의 공학적 업적을 예술가의 눈으로 바라본 이들에 의해 형성되었다. 닐 암스트롱의 갈라지는 목소리를 담은 음성 자료, 신비롭고 새로운 환경에 최초로 조심스러운 발걸음을 디딘 인류의 모습을 촬영한 동영상, 다른 천체에 남긴 발자국을 찍은 인상적인 사진, 고독과 고립감이라는 감정을 시적이고 꽤나 인간적으로 그린 버즈 올드린의 묘사, 환희와 겸손함을 동시에 자아내는 미국 국기의 선명한 모습 등이었다. 아폴로 11호의 우주비행사들이 지구로 귀환했을 때 온갖 퍼레이드와 사진, 그리고 달 토양의 성분보다는 발걸음의 감촉이 어떠했는지 궁금한 많은 대중의 관심을 반영한 인터뷰가 그들을 맞이했다. 그 후로 수십 년 동안 영감을 받은 민간인들은 인류의 위대한 업적을 기리는 책과 영화, 노래, 예술작품을 쏟아냈다. 이 창의적인 작품들은 새로운 세대의 공학자와 과학자들에게 영감을 주었고 그들이 우주 탐사 능력을 증진하는 데 필요한 기술을 개발하도록 자극했다. 예술과 과학이 인류 발전의 영원한 음양이 되면서 이 순환은 지금도 계속되고 있다.

이 같은 관점에서 바라보면 과학과 기술, 공학, 수학 같은 학문을 진흥시키는 것만으로는 뭔가 부족하다는 생각이 든다. STEM 분야는 발견, 근거 자료 수집, 문제 해결을 우선순위에 놓지만 그들의 초점은 애초에 우리가 해결하기를 바란 문제를 어떻게 파악하고 우선 과제로 삼기 시작했는지 근원적인 질문을 던지고 있다. 보다 균형 잡힌 커리큘럼은 예술이 포함된 STEAM^{Science, Technology, Engineering, Arts,} ^{Mathematics}을 장려하는 방안일 것이다. 예술은 모든 산업에서 혁신의 밑바탕이 되는 열정과 창의력을 우선시하는 학문이다. 개발 가치가 있는 모든 재능이 그렇듯 창의적인 사고방식은 연습과 의도적인 육성이 필요하다.

어린 시절부터 STEAM에 노출되고 커리큘럼을 경험할 수 있도록 만드는 것은 한 개인이자 사회의 미래인 학생들에 대한 투자이다. 인간을 우주 저 멀리 실어나르는 우주선을 만드는 로켓 과학자와 공학자들과 함께 그 여정의 광범위한 함의를 숙고할 만한 인문, 철학, 역사, 인류학, 윤리, 법, 정치, 종교, 예술 등에 정통한 전문가들이 필요하다. 과학의 발전은 인간이 미치는 영향과 무관하지 않다. 과학이 발전하려면 우리가 무엇을 발명해야 하고 왜 발명해야 할지, 혹은 때때로 무언가를 발명하는 것이 옳은지에 관한 사회적 논의가 필요하다. 예술과 과학을 결합함으로써 우리는 창의력이라는 뫼비우스의 띠를 만들고 인간의 가장 깊은 잠재력을 깨울 수 있다.

인간이 집단적으로 하늘을 바라보기 시작한 행위가 인간 사회에 어떤 심오한 영향을 미쳤는지 상상하는 일은 즐겁다. 차세대 우주여행자의 입장에서, 지구 행성을 바라보는 새로운 관점은 우리가 미래에 접근하는 방법에 어떠한 영향을 미칠 것인가? 우주비행사들이 직접 전하는 말에 따르면 우주여행은 우리에게 인지 변화를 가져다준다고 한다. 작가 프랭크 화이트^{Frank White}가 조망효과[19]라고 명명한 이 현상은 우주에서 지구를 바라본 독특한 경험을 한 이들을 통해 오래 전부터 보고되었다. 우주비행사들은 우주여행 덕분에 지구 행성을 재발견하게 된 것이다. 아폴로 14호의 우주비행사 에드가 미첼^{Edgar Mitchell}은 조망효과를 통해 세계 통합이라는 깨달음을 얻었으며 지구의 분열된 지정학을 향해 즉각적인 혐오를 느꼈다.

"우주에서 지구를 내려다보면 즉각적으로 지구 차원의 자각이 생기고 사람들의 지향점을 알게 됩니다. 세계정세에 강한 불만이 생기고 무언가를 하고 싶은 충동을 느끼죠. 달에서 바라보면 국제 정치는 너무 하찮게 보입니다. 정치인들의 멱살을 잡고 40만 킬로미터 너머 우주로 끌고 가서 '보라고, 이 자식아'라고 말하고 싶어지죠."

나의 전 직장 상사인 NASA 우주비행사이자 ISS 사령관 마이클 로페즈-알레그리아는 조망효과를 통해 일체감을 경험했다.

"그러한 경험은 처음이었습니다. 저 위에서 지구를 내려다보면 지구 중심적인 좁은 관점에서 전 세계적이고 우주적인 관점으로 인식이 바뀌게 됩니다. 우리는 한배에 타고 있는 것이지요."

소수가 아닌 수백 명의 사람을 매년 우주로 보내면 어떻게 될까? 민간 우주비행사 베스 모지스의 말은 조망효과의 낙관론을 잘 담고 있다. 그는 버진 갤럭틱의 스페이스십 II를 타고 준궤도 우주비행을

---

19) Overview Effect 아주 높은 곳에서 큰 그림을 보고 난 후에 일어나는 가치관의 변화

다녀온 뒤 이 경험이 지닌 함의를 공개적으로 밝혔다.

"더 많은 사람이 우주비행을 경험하면 지구에 실로 엄청난 이익과 변화가 생길 거라 생각합니다. 전 세계 지도자들 모두가 우주에서 지구를 바라본다면 무슨 일이 일어날까요? 이 지구가 보다 관대하고 친절한 세상이 되지 않을까 싶네요."

많은 사람들을 최후의 개척지로 보내기까지 앞으로 해야 할 일이 많지만 그러한 노력을 투입할 가치가 충분한 미래임은 분명하다. 한편 우주에 대한 문턱을 낮춰감에 따라 우리 주위에서 일어나는 여정을 응원하고 맥락 속에 녹여내며 승리와 실패 그리고 그 사이 모든 노력을 공유하는 일도 중요하다. 우리 인간은 이야기하는 종이다. 불앞에 둘러앉아 별이 쏟아지는 하늘을 바라보던 초기 조상부터 로켓이 또 다른 행성으로 발사되는 장면을 바라보기 위해 그 아래 모인 군중에 이르기까지 인간은 늘 이야기와 공통된 시각을 바탕으로 앞으로 나아갔다.

우주 탐사를 향한 열정을 발견한 이후 나는 자연스럽게 이를 대중과 공유했다. 공학 학위가 없다는 약점 때문에 우주에 관한 소통 능력을 강화시킨 점도 없잖아 있었다. 나는 자연스럽게 사소한 기술적 개념에서 멀어졌고 애초에 나를 사로잡았던 개괄적인 내용에 집중하며 일반 대중에게 가장 큰 공감을 살 만한 주제를 간추렸다. 나의 타고난 성향을 실질적인 재능으로 가꿔나가는 동안 매우 가치가 있지만 보통 간과되는 과학계 종사자의 틈새 분야를 발견하게 되었다. 바로 '과학 커뮤니케이터'였다. 어린 시절 나는 과학을 대중화하는 일이 실질적인 직업이 될 수 있을 거라고는 생각지 못했다. 과학과 대중문화의 교차점에서 일하는 인재들을 수없이 봐왔는데도 말이다. 훌륭한 과학자들을 누구나 아는 이름으로 격상시키는 비법은 일반 대중과 소통할 줄 아는 그들의 역량임을 깨달았다. 칼 세이건과 스티븐 호킹에서부터 〈사이언스 가이〉의 빌 나이[Bill Nye](과학 해설 방송 진행자-옮긴이)와 닐 디그래스 타이슨[Neil deGrasse Tyson](헤이든 천문관의 관장-옮긴이)에 이르기까지 훌륭한 과학자들은 과학적인 성과뿐 아니라 인류에게 미칠 영향을 대중에게 전달하는 데에도 능하다. 자료를 바탕으로 호기심을 자아내고 과학을 대중화하며 공공 정책을 알리는 과학계의 마법사들은 전부 과학 커뮤니케이션이라는 시대를 초월하는 예술을 실천하고 있다. 과학 커뮤니케이션은 즐겁고 영감을 줄 뿐 아니라 대중이 과학을 더 잘 이해하는 데 중요한 역할을 맡고 있다. 과학적 소양은 현대 사회의 보호막이라 할 수 있다.

대중의 관심을 잠시 사로잡는 능력도 무시할 수 없지만 더욱 값진 일은 이를 오래도록 지속시키는 것이다. 인간의 우주비행이 연출하는 장관을 고려할 때, 우주비행사들을 타블로이드 입방아거리나 파파라치 사진이 떠도는 직업적인 유명인으로 취급할 수 있다. 좋든 나쁘든 인정받을 만한 업적을 남겼음에도 불구하고 대중에게 기억되지 않은 경우가 많다. 역사적인 아폴로 11호 임무에 배정되어 엄청난 행운을 누린 닐 암스트롱과 버즈 올드린 외에 그 뒤를 이어 달에 발을 디딘 열 명의 우주비행사 가운데 단 한 명의 이름도 모르는 사람들이 허다하다. 존경받는 NASA 우주비행사 샐리 라이드는 입증된 역량보다는 여성이라는 특징 때문에 대중문화 의식에 스며든 경우다. 샐리의 개인적인 삶에 집중 조명이 이루어졌음에도 미국인들은 우주에 발을 디딘 두 번째 여성 혹은 우주왕복선을 지휘하거나 선외활동을 수행한 최초의 여성으로 기억하지 못한다. 물론 이름이 기억되지 못하거나 임무를 인정받지 못했다고 해서 NASA의 우주 개척자들의 인상적인 업적이 약화되는 것은 아니다. 또한, 그러한 성과를 대중이 제대로 알아보지 못한다고 비난해서도 안된다.

지난 50년 동안 NASA는 공학자와 과학자를 우주로 보내는 일을 우선 과제로 삼았다. 크리스타 매콜리프의 비극적인 참사를 제외하고 대중의 참여는 우선순위가 아니었다. 하지만 우주는 어디에든 존재하며 지구에 사는 우리 모두에게서 100킬로미터 이상 떨어져 있지 않다. 그렇다면 지구인들의 마음과 상상력을 사로잡기 위해서 어떻게 우주를 끌어내릴 수 있을까? 대중이 감정적으로 다가가기를 바란다면 과학과 사회와의 인식의 간극을 메워야 한다. 그리고 그것이야말로 과학 커뮤니케이터의 궁극적인 소임이다. 공학자가 고급 기술 개념을 일반 대중이 이해할 수 있는 언어로 치환할 수 있을 때 공학적 위업의 영향력은 훨씬 더 방대해진다. 이와 마찬가지로 수학자가 정수에서 사회적 영향을 추출할 수 있을 때 수학 모델은 진정한 탄력을 받게 된다. 기술 학위는 대중 사이에 과학이나 우주를 향한 열정을 확산시키기 위한 전제조건이 결코 아니다. 오늘날에는 인터넷에 접속할 수만 있다면 누구나 과학적 혁신을 둘러싼 인식을 개선하고 호기심을 끌어낼 수 있다. 그리고 이와 관련된 경력을 쌓고자 하는 이들을 위해 막강한 소통 기술의 지지를 받는 우주 산업에서 비공학자가 맡을 수 있는 역할이 있다.

우주 기자를 예로 들어보자. 저널리즘을 전문적으로 공부한 이들은 우주 산업에서 일어나는 일들을 일반 대중과 공유하고 보다 넓은 사회적 관점을 통해 기술적 진보를 맥락화하는 데 이 전문성을 이용할 수 있다. 유사하게 공공 업무나 대중 매체의 종사자들은 우주 탐사를 홍보하려는 정부 기관이나 민간 기업을 대신해 대중의 참여가 가능한 발판을 제공한다. 실시간 방송, 인터넷 방송 행사 그리고 우주 관광이라는 신흥 분야에서 소통 능력은 오늘날 우주 산업의 중요한 임무가 되었다. 시인, 화가, 음악가를 비롯한 수많은 재능 있는 사람들이 우주를 경험하고 예술로 승화시키려면 조금 더 기다려야겠지만 이곳 지구에는 최종 개척지의 내용과 이유를 대중에게 잘 전달하여 우주를 지구로 가까이 오게 할 수 있는 우주 부대와 과학 커뮤니케이터들이 이미 존재한다. 우주를 향한 나의 사랑에 처음으로 불을 지핀 과학 커뮤니케이터들의 발자국을 따라 나는 우주비행의 경이로움을 대중과 공유하는 것을 목표로 삼았다. 나는 시인도 뛰어난 공학자도 아니지만 우주를 진심으로 지지하는 사람이자 과학 연구에 적극적으로 기여하는 타고난 소통가이다. 우리가 함께 풀어낼 수 있는 미래를 전달하고 사람들이 우주시대에서의 삶을 최대한 누리도록 장려하고 싶었던 내게 운 좋게도 소셜 미디어의 탄생은 내가 이 일을 수행하는 데 큰 도움이 되었을 뿐 아니라 소셜 미디어를 통해 수천 명의 대중에게 쉽게 다가갈 수 있도록 해주었다.

내가 올린 첫 게시물이 입소문이 났을 때 나는 열다섯 살이었다. 2006년 크리스마스 아침, 나는 아빠가 선물을 열어보는 모습을 저화질 비디오로 찍고 있었다.

"아빠, 선물로 뭐 받았어요?"

나는 큰소리로 외쳤다. 타고난 연예인이었던 아버지는 포장지를 일부러 천천히 뜯더니 목욕가운을 걸친 채 방방 뛰었고 공중에 주먹을 휘두르며 소리 지르는 장면을 연출했다.

"예쓰!! 예쓰! Xbox[20] 360! 예~~~쓰!"

생겨난 지 겨우 1년밖에 되지 않은 유튜브에 별생각 없이 'Xbox 360에 열광하는 아빠'라는 제목으로 영상을 올린 뒤 가족들의 축제로 다시 돌아갔다. 조회 수가 25만을 넘자 어안이 벙벙해진 나는 소셜 미디어라는 새로운 세상에 관해 중요한 교훈을 몇 개 얻었다.

우선 입소문이 나는 기준이 그렇게나 낮을 수 있다는 사실이 놀

---

20) 마이크로소프트에서 제작하는 가정용 게임기 시리즈

라웠다. 인터넷에 올릴 만한 웃긴 영상을 제작하는 데에는 돈이 들지 않았으며 특별한 장비도 필요 없다. 시간이나 정신적인 에너지 소모도 거의 없다. 18초밖에 되지 않는 저화질 핸드폰 영상이 25만 명의 사람에게 가닿을 수 있다는 사실은 아주 신나면서도 당황스러웠다. 그토록 많은 사람이 이 영상을 볼 줄 알았더라면 제작에 조금 더 공을 들였을 것이다. 또한, 그들의 시청이 지니는 가치도 알게 되었다. 디지털 광고에 대해 아는 것이 없었지만 이 영상이 큰 인기를 끌자 유튜브는 나에게 수익 사업을 제안했다. 내 영상이 시작되기 전에 자동으로 광고가 실행되며 광고 수익의 일부가 내 몫으로 매달 지불되었다. 우리 아빠가 목욕가운을 입고 방방 뛰는 영상에 자신들의 브랜드를 홍보하고 싶어 하며 게다가 돈까지 지불하겠다는 사람이 있다는 사실에 깜짝 놀랐다. 비디오 게임 선물에 이처럼 열광적인 반응을 보이는 장면이 담긴 광고를 제작하기 위해 전자기기 기업은 이 영상의 저작권을 사가기도 했다. 이 영상이 창출한 수익은 그다지 크지 않았지만 나는 짧은 광고 후 등장하는 이 영상을 보기 위해 하루 중 30초를 기꺼이 희생하는 얼굴 없는 시청자들 덕분에 센트가 달러가 되는 것을 보며 도박의 희열을 느끼기도 했다. 이 경험으로 나는 인터넷에 내재된 또 다른 진실을 깨달았다. 소셜 미디어는 확실히 중독성이 있다. 아빠 역시 나만큼이나 이 같은 반응을 즐겼다. 우리는 각자 집 한구석에 앉아 유튜브 페이지의 새로고침을 반복하며 조회 수가 올라가는 것을 지켜보다가 특정한 수에 도달할 때마다 환호성을 질렀다. 백 회! 천 회! 만 회! 오만 회! 십만 회! 내 얼굴은 전혀 등장하지 않았지만 나는 벌써부터 간접적인 유명인이 된 기분이었다.

돌아보면 그 영상에 내 목소리만 등장해서 정말 다행이었다. 소셜 미디어가 제공할 가장 중요한 교훈이자 마지막 교훈을 파악하고 제대로 이해하려면 그 정도 거리가 필요했다. 인터넷은 댓글이라는 무법지대 때문에 험악한 곳이 될 수 있었다. 처음에는 내가 정해 놓은 알림 설정 때문에 나는 댓글이 달릴 때마다 알림을 확인했다. 댓글이 백여 개에 달했을 때 알림 기능을 꺼버리는 방법을 알아냈지만 이미 내 메일함에 쌓인 여과되지 않은 수십 개의 반응을 살펴본 후였다. 다행히 많은 사람들이 영상을 보고 웃었으며 그 영상이 재미있다고 생각하는 친구들을 태그 하는 등 대다수의 반응은 긍정적이었다. Xbox의 비용을 언급하며 새로운 게임기의 문제점을 발견하면 아빠가 얼마나 실망할지 모르겠다며 농담을 던지는 이들도 있었다. 아빠를 조롱하는 말조차 나는 신경 쓰지 않았다. 아빠의 목욕가운 사이로 뭔가가 보인 것 같다고 말하는 사람들의 이야기를 나는 웃어넘겼다. 그들이 영상 속 화자인 나에 대해 댓글을 남길 수 있다는 생각은 하지 못했다. 그건 너무너무 많이 나간 행동처럼 느껴졌다. 하지만 어떠한 댓글도 달리는 게 당연했다. "목소리가 〈패밀리 가이〉의 메그 그리핀 같네"라는 한 댓글에 '좋아요'를 누른 사람이 아홉 명이 넘었다. "닥쳐 메그"라는 대댓글을 단 이도 있었다. 열다섯 살이었던 나는 (이 같은 관찰이 틀린 것은 아니었지만) 나에 대한 사람들의 반응에 당황하기 시작했다. "목소리가 섹시하네"라고 누군가 응수했다. 곧바로 이 댓글에 공감을 표시하며 다른 누군가도 그렇게 해주기를 조용히 바랐다. 저속한 글들이 몇 개 달리자 나는 누군가 그것을 읽을까 봐 곧바로 삭제했다. 우리를 전혀 모르는 사람들이 그렇게 자유롭게 나와 내 가족들에 대해 논하다니 갑자기 사생활을 침해받는 기분이었다. 하지만 우리 집 거실에서 펼쳐진 가족의 풍경은 이미 수십만 명의 거실로 침투했으며 그것을 본 모두가 좋든 나쁘든 형편없든 반응을 보일 자격이 있다고 생각했다.

자신의 콘텐츠를 이 세상과 공유할 때 수반되는 명확한 위험에도 불구하고 나는 인터넷의 영향력과 잠재력에 매료되었으며 새로운 플랫폼이 등장할 때마다 나의 요령은 늘어갔다. 그 해 트위터가 탄생했고 페이스북이 대중에게 공개되었으며 그로부터 몇 년 뒤 인스타그램과 틱톡이 생겼다. 나의 소셜 미디어 데뷔는 우스꽝스러운 유튜브 영상이었지만 이 경험 덕분에 나는 이 플랫폼들이 현대적인 스토리텔링, 사고 형성, 관점 공유에 미치는 영향력을 깊이 체감할 수 있었다. 어린 나이에 예상치 못한 관심에 노출된 나는 그 후 디지털 세상에 공유할 내용을 선정하는 데 신중해졌으며 우주를 향한 나의 열정이 고스란히 담긴 크고 지속적이며 희망적인 영감을 주는 브랜드를 구축하는 데 필요한 철면피가 되었다.

우주 산업을 향한 나의 여정을 처음 공유하기 시작했을 때만 해도 온라인상에서 나를 지지한 것은 친구 몇 명과 소수의 팔로워뿐이었다. 하지만 나의 흥분은 전염성이 있어 그 후 몇 년 동안 팔로워가 수십만 명 더 늘었고 지난 10년 동안 나는 이들에게 내 삶에서 일어나는 온갖 사건들을 과감히 공유했다. 내 삶을 여과 없이 공개한 대가로 나는 개인적, 직업적 성장과 연구, 미디어 프로필, 새로운 사업, 우주비행 훈련, 극미 중력 캠페인, 결혼, 부모 되기 등 인생의 온갖 굴곡마다 아낌없는 지지와 응원을 받았다. 더 좋은 점은 나와 생각이 비슷한 우주 '덕후'들의 방대한 공동체와 연결되었고 내가 좋아하는 산업을 수천 명의 다른 이들에게 소개하는 특권을 누리기도 했다. 우리는 힘을 모아 우주비행을 축복하고 '올바른 것'을 재정의할 수 있는 공동체를 구축했다. 무엇보다도 소통이 쌍방향이라는 점이 좋았다. 개인적으로 만나본 적은 없지만 가상의 공간에서 알게 된 사람들의 댓글과 반응, 공유하는 관점, 개인적인 이야기를 통해 나의 삶은 풍요로워졌다.

나의 혹은 누군가의 개인적인 브랜드 성장은 인터넷에서 사생활을 과할 정도로 드러내는 것 외에도 공감대를 얼마나 형성할 수 있느냐에 달려 있다고 본다. 시작부터 나는 이 흥미진진한 산업의 외부인이었고, 감탄 부호와 거리낌없는 경외심으로 설명을 붙여 산업 안으로 들어가려는 노력을 꼼꼼히 기록했다. 물론 문안으로 발을 밀어 넣으려는 노력이 믿을 수 없는 결과를 낳을 때마다 나는 모든 순간들을 꼼꼼하게 포착하고 다듬고 해설을 붙여 소셜 미디어에 올렸다. 당시 나의 인스타그램 피드를 보면 열렬한 팬에서 믿을 수 없는 자리에 이르기까지 변신을 거듭한 흔적들을 찾아볼 수 있다.

또 다른 값진 결과는 의도하지 않았지만 고정관념을 깬 것이다. 나는 '항공우주와 국방'을 떠올릴 때 가장 먼저 떠오르는 사람은 아니다. 하지만 많은 사람들이 다가가기 쉽고 잘 흥분하며 때때로 밝은 핑크색으로 염색한 머리카락의 주인이 이런 일을 하는 것을 환영한다는 것을 알았다. 눈에 띄는 나의 겉모습은 과학자나 우주비행사를 상상할 때 일반적으로 떠올리는 고정관념에 반하는 것으로 나는 과학과 우주 탐사에 모두가 참여할 수 있다는 사실을 증명하기 위해 이 같은 모습을 더욱 드러내고 싶었다. 수백만 개의 조회 수를 낳는 거대한 소셜 미디어 플랫폼에는 온갖 이점이 따라온다. 나의 편견일지 모르지만 나는 인플루언서라는 단어가 얕잡아보는 표현이라고 생각하지 않는다. 내가 만드는 콘텐츠는 사람들이 우주시대를 살아가는 이들의 사고방식에 영향을 미치고 이어질 인류의 거대한 도약에 참여하도록 사람들에게 영감을 불어넣기 위해 계획된 것이다. 단순히 더 많은 팔로워를 끌어들이는 것이 목표가 되어서는 안 되겠지만 강력한 브랜드 존재감과 디지털 인지도는 수많은 기회를 가져다줄 수 있다. 자신만의 과학 커뮤니티를 구축하려는 사람이라면 응집력 있고 잘 기획된 인터넷 창구를 마련할 경우 적절한 기회를 찾는 데 도움이 될 것이다.

사람들에게 영향력을
전달하는 방법

나는 어쩌다 보니 인터넷 공간에서 유명세를 얻었지만 주위의 수많은 친구들이 처음부터 디지털 왕국을 꼼꼼히 설계하는 것을 지켜보았다. 그들의 경험을 바탕으로 자신의 열정을 공유하는 플랫폼을 키우는 데 도움이 될 다섯 가지 주요 조언을 소개하고자 한다.

기반을 다져라. 인터넷에서 닦아놓은 많은 길이 업무나 연구분야로 이어지려면 소셜 미디어라는 플랫폼에 안주해서는 안 된다. 인물이 나온 사진을 올리고 짧은 이력이나 개인적인 목표 선언문, 업무성과 자료나 관련 내용을 작성할 수 있는 블로그 또는 웹사이트(블로그나 브런치 등 개인 홈페이지-옮긴이)로 작게 시작한다. 얼굴 사진이 반드시 얼굴만 나온 사진일 필요는 없다. 자신의 정체성을 더욱 정확히 포착한 포즈 사진도 좋다. 같은 프로필 이미지를 소셜 미디어 플랫폼에 사용하는 것이 이상적인데 자신의 전문 분야에서 존중받는 목소리로서 연설을 할 때 결국 사용될 것이고, 일관성은 새로운 팬을 확보하는 데 도움이 될 것이다.

의사소통을 시작하라. 개인 웹사이트를 만들고 소셜 미디어 계정과 연동시킨 뒤에는 개인 블로그나 브런치 같은 글쓰기 플랫폼에 사색적인 글이나 자신의 의견이 담긴 글을 시작한다. 인기 있는 사이트에 존재감을 알리거나 출판물을 샘플로 활용할 수 있다. 자신만의 소통 미션을 정해두면 좋다. 교육을 제공하는 것이 목적인가? 영감을 주는 것이 목적인가? 혹은 관심을 끄는 것이 목적인가? 나의 경우, 소셜 미디어를 시작한 구체적인 목표가 민간 우주비행 산업의 발전에 대한 인식을 개선하는 것이었다. 나는 우주와 관련된 흥미롭고 유익한 소식이나 역사를 팔로워들과 공유하기 위해 관련 기사와 기록보관소(아카이브)에서 자료를 찾아 개인적 의견을 덧붙였다. 우주 산업 분야에서 나의 경력과 프로필이 쌓이면서 나의 웹페이지는 고무적인 글들로 채워졌고 나는 이 미래가 우리 모두에게 속해 있다는 사실을 강조하기 위해 우주 산업에 몸담은 전문가로서의 일상적인 사진들도 공유하기 시작했다.

시간을 할애하라. 오래된 속담에도 있듯 쓰지 않는 쇠는 곧 녹슨다. 시각적인 수단을 이용해 과학을 전달할 경우, 교육하고자 하거나 영감을 불러일으키고자 하는 사람들이 크게 공감하도록 이미지와 영상을 구성하고 메시지를 공들여 작성하는데 시간과 생각을 투자해야 한다. 노력이 효과를 발휘하기 시작하고 팔로워 수가 늘면(분명히 그럴 것이다!) 어렵게 얻은 팔로워를 당연하게 여기지 말아야 한다. 나는 댓글과 메시지에 일일이 대답하고 나에게 시간을 투자하는 이들과 활발한 대화를 나누기 위해 늘 그리고 여전히 노력하고 있다. 자신이 작성한 내용은 실제 사람들에게 가닿는다는 사실을 언제나 잊지 않으며, 늘 질문을 하고 대화를 유도하며 새로운 관점을 끌어내도록 한다.

자신의 성공에 투자하라. 자신이 구축한 디지털 플랫폼을 이용해 현실에서 자신이 바라는 경력에 더 가까이 다가가는 이들이 있다. 소셜 미디어는 유명한 사람이든 그렇지 않든 대부분의 사람이 쉽게 접근할 수 있는 수단이다. 따라서 자기 분야의 롤 모델에게 자신이 운영하는 플랫폼에서 짧은 인터뷰를 할 수 있을지 접촉을 시도해볼 수 있다. 마찬가지로 자신이 다루는 주제와 관련성이 높은 기업이나 조직에 연락을 취해 그들이 교육적인 협업에 관심이 있는지 문의해볼 수도 있다. 자신에게 투자하는 김에 자신의 플랫폼 자체에도 투자한다. 고품질의 사진, 웹사이트 개편, 개인적인 사진이나 조명 장비는 자신의 디지털 이력을 한층 빛나게 해줄 것이다.

자신의 다양한 측면을 기꺼이 공개하라. 온라인에서 가장 충실하게 팔로우하는 과학 커뮤니케이터를 떠올려 보면 실제로는 알지 못하는 이들의 삶과 경력에 대해 내가 꽤 많이 알고 있다는 생각이 든다. 나는 단순히 그들을 팔로우만 하지 않는다. 나는 감정적으로 그들에게 투자한다. 모두가 그렇듯 나는 시간에 따라 인간으로서 진화해왔다. 나의 경력과는 관계없는 개인적인 순간들(아이의 무모한 장난, 여행의 주요 순간들, 정치적 불만, 사회 운동 참여)을 공개하는 바람에 팔로워를 잃을 때도 있었지만 내가 정말로 함께 하기를 바라는 이들과의 연결고리가 더욱 강화되기도 했다. 자신만의 개성을 보여줄 경우 팔로워들이 자신의 다양한 면과 독특한 관점을 더욱 잘 이해하는 데 도움이 된다.

한 가지 더 덧붙인다면 모든 것을 건 뒤의 혼돈을 기꺼이 껴안으라고 말하고 싶다. 자신이 만든 플랫폼이 활성화된 다음에는 대담하게 새로운 것을 시도하기 바란다. 나의 경우 패션 디자인에 도전하는 것이 오랜 꿈이었다. 우주 산업에서 일하는 것은 흥미롭게 들리지만 그 풍경이 화려하지만은 않다. 우주복 군단 사이에서 하이힐을 신고 복도를 딸깍딸깍 걷는 사람이 나뿐일 때면 나는 튀지 않기 위해 옷차림에 신경을 썼다. 하지만 시간이 지날수록 나는 자신감이 생겼고 과학과 패션을 향한 관심이 상호 배타적이지 않다는 사실을 깨달았다.

내가 가진 옷들 중 '우주'에 어울리는 것들이 바닥나자 천과 재료를 구해 우주를 주제로 한 꿈의 옷장을 만들기로 결심했다. 패션 디자인 재미에 푹 빠져 2016년 '페이퍼 로켓'이라 이름 붙인 한정판 제품을 선보이기에 이르렀다. 오래가지는 않았지만 전체 과정을 팔로워들에게 공개했고 소량으로 제작한 나의 작품은 즉시 다 팔렸다. 이로써 얼마나 많은 여성들이 자신의 관심사를 자랑스럽고 고급스럽게 만들기를 원하는지 알게 되었다. 내게는 값비싼 실험이었지만 많은 것을 배웠으며 잠시나마 멋진 우주 패션을 선보였다. 샘플은 전부 나의 신체에 맞춰 제작되었기에 많은 예산을 썼어도 완전히 손해는 아니었다. 갑절의 비용도 기꺼이 지불할 만한 완벽한 맞춤 우주복으로 가득 찬 옷장을 갖게 되었으니 말이다. 몇 년 뒤, 우주 연구의 또 다른 면을 계속해서 공유하는 우주 패션 및 생활양식 웹사이트를 통해 페이퍼 로켓 브랜드를 부활시켰다. 수년 동안 인터넷으로 발품을 팔아가며 발견한 가장 좋아하는 우주 패션과 액세서리 디자이너를 알리고 지원하려는 노력의 일환이었다. 물론 가장 아끼는, 우주를 주제로 한 의상은 우주복이다. 나는 운 좋게도 극미 중력 비행에서부터 화성 사막 연구 기지의 승무원 교대에 이르는 온갖 극단적인 환경에서, 심지어 레드 카펫에서도 파이널 프런티어 디자인의 우주복을 입어보았다. 우주복을 입고 있을 때 나 자신이 가장 멋있게 느껴지며 우주복을 입고 과학 분야에서 일하는 것이 얼마나 큰 특권인지 잊지 않고 있다.

아이를 낳은 뒤 나의 일은 훨씬 더 개인적인 문제를 낳았다. 내가 오늘날 몸담고 있는 일이 딸아이의 미래에 영향을 미칠 거라 생각하면 고무적이지만 육아와 일 사이에 균형을 맞추는 일은 결코 쉽지 않았다. 딸 델타는 내가 과학자-우주비행사 후보 프로그램을 완수할 무렵 태어났다. 그 후로 몇 달, 그리고 몇 년 동안 나는 꽤 바빴고 아이의 중요한 '처음'을 여러 번 놓쳤다. 지금도 출장을 갈 때면 아이를 늘 그리워하며 죄책감에 빠지곤 한다. 그러한 감정에 사로잡힐 때면 그토록 어린 자녀와 떨어져 지내는 생활을 어떻게 감당하느냐는 질문에 감정적이지만 진심 어린 대답을 했던 오래전 인터뷰를 다시 들여다보곤 한다.

"저는 한 번에 한 출장만 떠납니다. 그리고 늘 기억하죠. 내가 일에 투자하는 시간은 아이의 미래에 투자하는 시간이라고요."

나의 팬들은 이 말에 크게 공감했다. 이는 비단 우주 산업에만 적용되는 내용은 아닐 것이다. 후세대에게 밝은 미래를 안겨주기 위해 매일 아침 일터로 출근해 각기 다른 분야에서 자신의 몫을 다하고 있는 모든 부모에게 적용된다. 아무리 대단한 엄마일지언정 엄마라는 역할에 적응하는 것은 진 빠지는 일이다. 상근직으로 일하는 것은 여기에 또 다른 차원의 도전이다. 나는 달성하기 쉽지 않은 '워라밸'을 추구했으며 나에게 주어진 일들을 완수하고 새로운 리듬을 찾으려고 노력했지만 다시 출근한 지 몇 주 만에 완전히 실패한 기분에 사로잡혔다.

이 같은 감정에 공감하던 한 친구는 《사이언티픽 아메리칸》에 실린 '엄마이자 과학자로서 겪는 특별한 도전'이라는 제목의 기사를 보내주었다. 여기에서 레베카 칼리시는 자식이 없는 것처럼 일하고, 직업이 없는 것처럼 아이 돌보기를 기대한다는 말로 모성의 모순을 완벽하게 묘사하고 있었다. 나는 여전히 화가 가라앉지 않았지만 누군가 나의 고통을 알아주는 것 같아 위안이 되었다. 운 좋게도 나에게는 성공적으로 복귀하게끔 도와주고 지지해 준 동료들, 기꺼이 협력한 가족, 초췌한 사진에 친절한 댓글을 남기고 응원을 아끼지 않은 팬들이 있었다. 누가 봐도 연착륙에 가까웠지만 '워라벨'은 현실적인 목표로 느껴지지 않았다. 구별되어 있지만 균형이 필요한 완전히 다른 두 영역을 동시에 끌고 가는 일은 우주비행사, 인기 있는 과학 커뮤니케이터, 패션 디자이너, 아내, 엄마, 작가, 사회의 적극적인 참여자가 되기를 열망하는 이들에게 이쪽도 저쪽도 아닌 비합리적이고 비현실적인 목표처럼 보였다. 게다가 삶 역시 일이다.

나는 워라벨 대신 일과 일의 균형을 만들어낸 현명한 동료들에게 수용하는 법을 배웠다. 애초에 있는 그대로의 상황을 단순히 받아들였더라면 불안에서 벗어날 수 있었을 것이다. 마침내 나는 일이 개인적이고 개인적인 삶이 일인 질서 없는 현실 속에서도 줄곧 긍정적인 측면을 보며 우주 모험을 떠날 때 가족들을 데리고 갈 구실을 수없이 내세우는 단계에 이르렀다. NASA의 민간 승무원 및 화물 프로그램을 지지한 몇 년 동안 나는 영광스럽게도 스페이스X의 기념비적인 발사 현장에 여러 번 참석했다. 가장 흥분했던 경험은 전설적인 아폴로 11호의 발사대에서 이륙한 2018년 2월 팰컨 헤비의 첫 비행이었을 것이다. 출산한 지 얼마 되지 않았지만 이 비행을 놓쳐서는 안 된다고 생각했고, 우주비행 역사의 특별한 순간을 갓 태어난 딸아이와 함께 할 생각에 두 배로 신이 나 있었다.

짐을 잔뜩 실은 737 제트 여객기(54톤)를 궤도로 보낼 수 있는 팰컨 헤비의 발사는 세상에서 가장 강력한 운용 로켓의 데뷔로 당시 델타4 헤비에 이어 두 번째로 큰 로켓인데다가 탑재 하중은 그의 두 배로 늘렸다. 이 막강한 로켓은 언젠가 승무원과 화물을 심우주 목적지로 보내도록 설계되었다. 이 최초의 시험 비행을 위한 첫 탑재 화물은 정말로 소중한 것이었으니 탑재 화물칸 중앙에 실린 것은 스페이스X CEO 일론 머스크의 스포츠 카인 선홍색 테슬라 로드스터로 그 안에는 스타맨이라는 이름이 붙은 마네킹 우주비행사가 타고 있었다. 2018년 자신이 구입한 빙고 카드에 날아다니는 차량이 있던 사람이라면 전부 복권에 당첨됐을 것이다.

출산한 지 10주 만에 나는 기저귀 가방을 싸서 딸과 어머니와 함께 역사적인 발사 현장을 보기 위해 NASA의 케네디 우주 센터로 향했다. 입장권을 제시하고 우리 모녀 3대는 발사대에서 5킬로미터가 채 떨어져 있지 않은 아폴로 토성 V 센터 밖 잔디밭에 자리를 잡았다. 27개의 엔진과 2,300톤의 추력이 이륙 시 어떠한 소리를 낼지 들을 준비를 했다. 장관은 발사에서 끝나지 않을 것이며 스페이스X는 이륙과 로켓 분리 단계를 지나 팰컨 헤비의 1단계 추진 로켓 세대를 전부 지구에 다시 착륙시킬 터였다. 아이의 귀마개를 손에 들고 우리는 한 번의 이륙과 세 번의 착륙, 여섯 번의 음속 폭음을 각오했다. 정말로 상징적인 광경이었다. 선홍색 테슬라 로드스터에 앉아 안전벨트를 맨 스타맨은 지구의 궤도를 떠나 10억 년의 우주여행을 할 것이다. 도구함에는 《은하수를 여행하는 히치하이커를 위한 안내서》를 넣어두고 데이비드 보위의 〈Space Oddity〉를 틀어놓았다. 계기판 위에는 '당황하지 말 것'이라고 적은 팻말을 올려두고 전기 회로판에 '지구에서 인류가 제작함'이라는 간결하지만 감동적인 문구를 새겨 놓았다. 모든 로켓 발사가 그렇듯 우리는 먼저 보고 그다음에 소리를 들은 뒤 마지막으로 이를 느낀다. 음속 장벽이 딸아이의 머리에 쏟아질 때 나는 아이가 우주 탐사의 새 시대가 막 열리는 시점에 태어났음을 깨달았다.

2012년 민간 기업으로서 우주정거장에 최초로 정박한 때처럼 이 순간도 스페이스X만의 성과가 아니었다. 이는 존경받는 기업들, 지지 그룹, 규제 기관, 정부 기관의 수년간의 노력으로 가져온 눈부신 결과이자 태양계에 인류의 발자국을 남긴다는 공동의 꿈을 바탕으로 협력한 수많은 개인과 집단의 노력의 산물이었다. 딸아이의 세대에는 현실이 될 꿈이었다. 내게 우주는 항상 탐험 정신, 천재적인 공학 기술, 지식 탐구뿐만 아니라 미래를 살아갈 다음 세대를 위해 생존하려는 불굴의 희망 등에 있어 인류의 최고를 대표한다. 이는 일과 일의 균형이 온전한 특권임을 상기시키는 대의명분이자 이 같은 잠정적이고 긍정적인 에너지를 세상과 공유하도록 고무시키는 이상이다.

과학 커뮤니티에서 보낸 최고의 순간을 생각하면 우리 모녀 3대가 세상에서 가장 막강한 로켓이 지구를 떠나는 모습을 지켜보던 그때가 떠오른다. 나는 발사 현장과 인상적인 기술들을 실시간으로 방송하면서도 내 팔에 안긴 작은 아기를 기다리고 있는 미래에 압도된 나의 원초적인 감정과 인간에 대한 경외심을 전하기도 했다. 실시간 방송을 보고 있는 시청자들에게 거의 약 일만 세대의 여성이 딸아이 앞에 있었다고 말한 것을 기억한다. 나의 딸과 이후의 세대들이 우주시대를 살기까지 우리 종은 온갖 포식자와 집단 멸종, 질병, 전쟁을 이겨내고 일만 번의 생존 바통을 넘겨받은 것이다. 이 기회를 최대한 활용하는 것이 우리 모두의 몫이며 이 바통을 떨어뜨린다면 우리의 운명은 다하고 말 것이다.

'좋아요'를 가장 많이 받은 질문과 대답

Q. 지구 너머에 지적인 생명체가 존재한다고 믿으세요?

그렇게 믿고 싶네요! 가능성을 생각할 때 제가 고려하고픈 몇 가지 요소가 있습니다. 수조 개의 은하가 있다고 가정하면 우주에 관측 가능한 별이 10^{24}개의 별이 있다고 추정할 수 있어요. 이 별들 중 상당수가 자체 행성계를 갖추고 있고 이 행성계의 상당수가 '거주 가능'한 행성을 갖고 있을지도 몰라요. 표면에 액체 상태의 물이 존재할 수 있는 조건이죠. 상당수는 크기나 질량이 지구와 비슷할 수 있고요.

Q. 딸의 이름에는 어떠한 의미가 담겨있나요?

딸의 이름은 델타 빅토리아에요. '델타-V'는 우주비행선의 비행 역학을 일컫는 업계 용어로 문자 그대로 해석하면 '속도의 변화'가 되겠네요. 이 이름은 꽤 상징적이기도 합니다. 아이의 출생이 우리 가족의 삶의 속도를 변화시켰으니까요.

Q. STEM에 더 많은 여성을 참여시키려면 어떻게 해야 할까요?

노출을 늘리는 것처럼 단순한 일이라고는 생각하지 않습니다. 물론 그것도 아주 중요하지만요. 근본적인 문제는 물론 급여 격차, 출산권, 유급 육아휴직 등 심각한 장애물을 해결해야 합니다. 여성들은 서른 살 무렵 꺾이는 반면 미국에서 힘 있는 남자들이 70대에 전성기를 맞는 것을 보면 좌절감을 느끼죠. (당신들, 정치인들 말이에요!) 우리가 원하는 미래를 위해 지금 당장 변화가 필요합니다. 저는 이 사안들이 밀접한 관련이 있다는 것을 직접적인 경험을 통해 알게 되었죠.

Q. 가장 좋아하는 우주 관련 사실은 무엇인가요?

이론 물리학자 브라이언 그린은 밤하늘을 향해 팔을 쭉 뻗고 엄지손가락을 들어 올리면 관측 가능한 수천만 개의 은하가 그 안에 다 들어온다고 말했습니다. 이론상으로는 알고 있는 내용이었지만 실제 눈으로 보고 나니 꽤 흥분됐었죠. 우주는 정말 큽니다!

Q. 가장 좋아하는 공상 과학 영화는 무엇인가요?

하나만 선택하기 어렵고요, 다섯 개를 꼽자면 <가타카(1997)>, <선샤인(2007)>, <솔라리스(1972)>, <더 문(2009)>, <이벤트 호라이즌(1997)> 입니다.

우주 탐험은 계속된다

초기부터 인류는 탐험하는 종이었다. 분화구에서 산까지, 대양과 새로운 대륙을 가로질러 더딘 속도였지만 확실한 목표를 가지고 우리 각자가 지구라는 우주선에 탑승한 승무원이 되어 광활한 우주를 헤쳐나가듯이 지구의 신비를 풀어나갔다. 지구 대기 너머 처음으로 확신 없는 여행을 떠난 이래, 지난 50년 동안 우리가 달성한 성과를 돌아보면 감회가 새롭지만 더욱 설레는 것은 앞으로 달성할 성과다. 이제부터 50년 동안 이뤄낼 성과는 우리 모두의 것이다. 우주에서 우리의 발자국을 더욱 많이 남기는 일은 인류 공동의 미션이자 미래다.

아폴로 계획으로 인류는 그 어느 때보다도 멀리, 지구에서 40만 킬로미터나 나아갈 수 있었다. 하지만 아직도 갈 길이 멀다. 우리가 아직 경계밖에 살펴보지 못한 은하계는 관찰 가능한 우주 내에 존재하는 수천억 개의 은하 중 하나로 엄청난 잠재력을 품고 있다. 물론 이 잠재력을 활용하려면 막대한 투자와 담대한 노력이 필요하다.

우리는 인류의 가장 오래되고 가장 실존적인 질문에 대한 답이 지평선 너머에 존재할 거라는 확신을 갖고 있다. 항성에 닿고 싶은 우리의 강한 열망은 일시적인 기분에 기인하는 것이 아니라 생존 본능이다. 우리는 우주비행의 황금기를 맞이하려 하고 있다. 결국 행성 간 여행이 가능할, 인류 역사에서 전례 없을 이 찰나에 살고 있다니 얼마나 행운인가.

나는 우주비행 훈련을 받았으며 극미 중력 연구를 수행했고 로켓, 우주선, 달 착륙선, 인공위성, 우주기지, 우주복 등을 접할 수 있는 기회를 얻었을 뿐만 아니라 이 경험과 성찰을 세상과 공유하는 행운도 누렸다. 나는 불과 몇십 년 전까지만 해도 〈스타 트렉〉 같은 공상 과학 영화에서나 존재할 법한 산업에서 경력을 쌓은 것이다. 이런 이야기를 만들어낸 작가들은 인류 발전의 한계를 탐구하는 미래를 상상했다. 이 같은 진보와 생존뿐만 아니라 번영을 꿈꾼 바로 그 희망 때문에 우리는 계속해서 우주를 탐험하고 있는 것이다.

나의 직업적 여정은 우주 탐사를 하기 위해 특정한 학위나 경력은 필요하지 않다는 증거이다. 우주는 모두의 것이며 우주는 인류의 과거이자 미래다. 아폴로호가 그런 것처럼 우리의 다음번에는 재능 있는 예술가, 공학자, 그리고 그 사이에 있는 모두를 필요로 할 것이다. 우리 모두가 각자의 자리에서 다음 번 거대한 도약을 할 수 있을 것이다.

태양계에서 인류의 발자취를 키우며 일을 추구하며 경력을 쌓는 동안 멋진 조언자를 만난 것은 행운이었다. 리처드와 레티샤 부부, 스티븐 호킹과 루시 호킹 부녀, 마이클 로페즈-알레그리아는 내 롤모델의 일부일 뿐이다. 그들 모두는 우주시대에 삶을 최대한 누리는 것은 어떠한 의미인지 몸소 보여주었다. 그들은 자신들의 지혜를 전수해 주었고 격려를 아끼지 않았으며 우주 탐사를 향한 열정을 나눠줬다. 내가 처음 우주 산업으로 진로를 잡았을 때 그들의 안내가 큰 도움이 되었다. 이 책을 통해 그 모든 과정을 여러분과 나누는 것으로 그들에게 조금이나마 보답하는 것 같아 기쁘다.

우리가 삐삐거리던 스푸트니크호에서 얼마나 멀리 왔는지 우리가 최후의 개척지를 향해 나아가는 길을 맨 앞자리에서 지켜볼 수 있게 되어 얼마나 운이 좋은지 또 우리와 뒤따라올 다음 세대가 근사한 발견을 얼마나 많이 할지 상상해 보기 바란다. 얼마나 살아볼 만한 세상인가. 우주시대에 온 것을 환영한다.

인류의 0.5%만 우주비행을 해도 더 나은 세상이 됩니다

/ 리처드 게리엇 드 케이욱 /

우주비행사 부모 밑에서 자라는 경험은 어땠나요? 핏줄에서 우주 유전자를 느꼈나요? 당신 집에서 우주여행은 '평범한' 일처럼 여겨졌나요?

아이들은 자신이 속한 가정이나 공동체 환경이 다른 곳과 비슷할 거라고 생각하기 마련입니다. 아버지가 우주비행사였을 뿐만 아니라 옆집에 사는 후트 깁슨과 조 앵글 역시 우주비행사였습니다. NASA 우주비행사들은 전부 휴스턴 외곽 존슨 우주 센터 근처에 살면서 훈련을 받았죠. NASA 시설과 동네는 말 그대로 물을 뺀 습지대에 형성되어 있었습니다.

저는 머큐리호, 제미니호, 아폴로호에 탑승한 우주비행사와 가까이 살았을 뿐만 아니라 우주비행사가 아닌 이웃들 역시 대부분이 인간을 우주에 보내는 데 깊이 관여한 NASA 관계자들이었죠. 대학교에 진학하고 나서야 저는 '세서미 스트리트 사람들'을 만났습니다. 정육점 주인, 빵집 주인, 소방관을 비롯해 '일상적인' 삶을 이루는 다른 직업들 말이에요. 네, 저에게 우주여행은 결심해야 하는 무언가가 아니라 당연히 머지않아 전 인류가 경험할 일이라고 믿었죠.

우주비행사가 되기 전의 경력에 대해 말씀해 주시겠어요? 무엇에 가장 열정적이었으며 그 열정은 어떻게 우주비행이라는 꿈으로 바뀌었죠?

열세 살 무렵 가족 주치의인 NASA 의사가 저더러 이제 안경을 써야 하니 더이상 NASA 우주비행사가 될 수 없겠다고 말했어요. 세상이 무너지는 것 같았죠. 무언가를 스스로 생각해 보기도 전에 아는 어른들이 모두 모여 있는 클럽에서 쫓겨난 거예요. 며칠 동안 슬픔에 잠겨 있던 저는 민간인이 우주로 갈 수 있는 길을 만들어야겠다 결심했어요. 열세 살이었던 저는 할 수 있는 일이 많지 않았죠. 하지만 몇 년 후 천직을 찾았어요. PC가 막 등장한 참이었기에 컴퓨터에 푹 빠졌는데 열정이 이끄는 대로 가다 보니 최초이자 가장 성공적인 컴퓨터 게임 개발자가 되었어요. 돈이 생기자 수익의 대부분을 민간인이 갈 수 있는 길을 만드는 데 투자해야겠다고 결심했어요. 수년 동안 NASA 출신의 비행사들이 사업적인 노력을 펼치는 데 투자했습니다. 안타깝게도 성과가 좋지는 않았습니다. 위대한 우주비행사가 된다고 반드시 훌륭한 사업가가 되는 것은 아니더군요. 하지만 결국 피터 디아만디스, 에릭 엔더슨, 마이크 맥도웰을 비롯해 저와 비슷한 생각을 품고 있는 이들을 만났고 함께 X프라이즈, 제로 G 코퍼레이션, 스페이스 어드벤처 같은 것들을 만들었습니다. 저는 스페이스햅, XCOR 등 기업에 투자하기도 했죠.

2004년, X프라이즈 수상자가 나오면서 민간 우주비행은 터무니없는 상상에서 드디어 현실이 되었습니다. 민간 우주 개발 경쟁도 시작됐고요! 결국 2008년, 저는 소유스 TMA 13호를 타고 2주 동안 국제우주정거장에 머물렀습니다. 민간 우주비행은 계속해서 발전하고 있고 우리는 스페이스X를 비롯해 우주시대의 다른 구성원에게도 투자하고 있습니다. 민간 우주비행은 이제 막 시작된 거죠!

어린 시절부터 우주를 접하고 훈련을 받아왔는데 우주비행에서 가장 놀라운 경험은 무엇이었습니까?

고등학교 이후로 저는 우주비행 훈련 준비 당시에 몸 상태가 가장 좋았죠. 러시아 스타 시티에 도착했을 때 다른 훈련생들보다 체력이 훨씬 좋다는 것을 알게 되었어요. 그때 이후로는 쭉 내리막길이지만요! 훈련은 그다지 힘들지도 않고 정말 재미있었습니다. 가령 스쿠버 다이빙을 하면 우주정거장에서 부분 가압과 관련해 어떤 위험이 도사리고 있을지 이해할 수 있습니다. 인터넷에서 아마추어 무선기사 자격증을 따면 우주비행 무전기를 작동할 수 있는데요, 무척 신나는 일이죠. 일정 정도의 교육을 받은 일반인이라면 누구나 쉽게 익힐 수 있습니다.

우주비행을 한 뒤 인지 변화를 경험했나요? 조망효과는 당신이 삶을 바라보는 관점에 어떠한 영향을 미쳤나요?

그럼요. 사실 인지 변화는 제가 우주에서 겪은 모든 경험 중 가장 인상적인 부분이었죠. 그 후로 저는 인류의 0.5퍼센트가 우주비행을 하게 된다면 이 세상은 더 나은 곳으로 영원히 변할 거라고 계속 주장하고 있습니다.

8분 30초 만에 고도 400킬로미터에 도달하는 로켓에 탑승했다고 생각해 보세요. 시속 27,700킬로미터로 가는 거예요. 너무 빨라서 90분 만에 지구를 한 바퀴 돌면서 45분마다 일출과 일몰을 보게 되고 20분 만에 전 대륙을 횡단합니다. 400킬로미터 위에서 내려다보면 그 아래 세상을 꽤 자세히 볼 수 있습니다. 지각판의 가장자리, 대양에서 토사가 쓸려 나오는 모습, 주 전체를 뒤덮은 화재에서 나오는 연기, 공기 오염으로 인한 연무, 우림이 불타는 모습, 두바이의 팜 아일랜드 같은 인공섬을 볼 수 있죠. 눈앞에 펼쳐지는 장면에 압도될 수밖에 없는데 창문 밖을 내다보는 것만으로두 진실이 맹렬하게 나에게 쏟아져 들어오는 기분입니다.

제가 살고 있는 텍사스, 오스틴을 지나자 익숙한 강과 도로, 호수가 보였고 우리 지붕 꼭대기의 반짝이는 돔까지 보였죠. 제가 차나 자전거로 지나다니고 야영했던 텍사스의 거의 모든 지역이 있었는데 직접 관찰하면서 지구의 진짜 규모를 깨닫자 갑자기 전율이 느껴졌어요! 등장인물(지구)은 원래 크기 그대로인데 이를 둘러싼 현실이 급속도로 줄어드는 공포 영화를 보고 있는 기분이었죠. 이 사실을 묘사할 때면 여전히 소름이 돋습니다. 그때 이후로 저는 지구에 훨씬 더 가까워진 기분이 들었어요. 이 땅의 훌륭한 관리인이 되는 것이 정말 중요하다고 생각하게 되었죠.

비디오 게임 개발자나 우주비행사가 되지 않았더라면 무슨 일을 하게 되었을 것 같나요?

지금 제 직업은 탐험가이자 창작자로서 취할 수 있는 최고의 조합이 아닐까 싶은데요. 다른 직업을 찾기 쉽지 않겠지만 이 두 가지 측면을 살릴 수 있는 직업을 택했을 것 같습니다.

비공학자가 우주 산업에 기여할 수 있는 특별한 장점이나 관점이 뭐가 있을까요?

유인 우주실험실에서 저희 아버지와 함께 비행을 했던 잭 루스마는 제가 우주여행을 떠난다고 하자 멋진 편지를 보내주었어요. 저 같은 사람이 우주여행을 하는 것이 매우 중요하다고 했죠. 그와 아버지는 다른 가능성을 살펴보거나 성취한 일을 다른 이들에게 전하기 위해서가 아니라 특정한 일을 위해 고용된 것이라고 했어요. 그는 인류가 지구 너머에서 번성할 수 있는 방법을 찾는 데 그의 핵심적인 공학 기술이 할 수 없는 방식으로 제가 도울 수 있으며 지구로 돌아와서 우주비행의 즐거움과 난제, 중요성을 다른 이들에게 전하는 것이 특히 가치 있을 것이라고 했죠. 저도 그의 말에 동의합니다.

자녀 중 한 명이라도, 혹은 둘 다 세계 최초로 3대 우주비행사가 되는 데 관심이 있나요? 우주와 당신의 경험에서 아이들이 가장 호기심을 느끼는 부분은 뭐죠?

킹가(여덟 살)와 로닌(여섯 살)은 우주가 무엇이며 그곳에 가는 일이 왜 그렇게 어렵지만 보람찬 일인지 이제 막 이해하기 시작했어요. "가고 싶으냐?"에 대한 답은 최근에 엄마와 아빠 중 누구와 대화를 나누었는지에 달려 있을 것 같은데요. 아내는 지구가 더 안전하고 풍요롭다고 아이들을 설득하는 편이에요. 저는 물론 거대한 미지의 세계를 탐구하는 것은 위대한 모험이라고 설득하죠. 아이들이 성인이 될 때쯤 우주여행이 훨씬 더 평범한 일이 될 것이며 적어도 저의 첫 여행을 떠날 때보다는 훨씬 더 수월할 거라고 생각합니다. 우리 가족은 한 번 이상은 다 같이 우주여행을 떠나지 않을까 싶네요!

당신의 초기 투자는 전체 산업에 시동을 거는 데 큰 도움이 되었는데요, 민간 우주 산업에 참여한 동기는 무엇인가요?

다수를 위한 길이 없으면 저를 위한 길도 없다고 생각했습니다. 민간 우주 산업이 존재하도록 도와야 저도 갈 수 있죠. 이타적인 행동이었다고 말하고 싶지만 솔직히 말하면 제가 정말 가고 싶었습니다. 미치도록요. 게임 산업에서 번 돈을 전부 투자할 만한 가치가 있는 일이었습니다. 저는 그렇게 했고 결과는 근사했죠!

앞으로 인류의 우주여행에서 가장 기대하는 측면이나 이정표는 뭔가요?

화성은 우리의 다음 주요 목표입니다. 의회는 별로 중요하지 않은 목적에 시간과 돈을 낭비한다고 따질지도 몰라요. NASA가 구태의연한 방식과 아이디어에 갇힌 일자리 정책에 돈을 쓴다는 말들도 많습니다. 하지만 우리는 아무리 느릴지언정 올바른 길로 가고 있습니다.

우주는 왜 중요할까요? 우주를 향한 인간의 탐구와 열정의 핵심은 무엇일까요?

우주는 지금의 인류에게 반드시 필요하며 인류가 미래를 꿈꾸기 위해서라도 중요합니다. 오늘날 우리는 이미 통신 수단, 기후 관찰을 비롯한 수많은 필수 과학을 우주에 의존하고 있습니다. 가까운 미래에 우리는 풍부한 자원을 찾아 우주로 향할 것입니다. 하지만 장기적으로는 전 세계적 유행병, 킬러 소행성, 지정학적 혼란이 우리의 존재를 위협할 것이며, 태양이 말 그대로 팽창해 지구를 집어삼키기까지 기껏해야 수십억 년밖에 남지 않았습니다. 따라서 인류는 다양한 행성에서 생존할 수 있어야 하며 그렇지 않을 경우 멸종하고 말 것입니다.

우주를 여행하는데 '왜'라는 질문은 필요없어요

/ 레티샤 게리엇 드 케이욱 /

우주를 향한 열정에 불을 지핀 계기가 무엇이었나요?

우주에 관심을 갖기 시작한 것은 인류 발전에 기여하고 싶었기 때문이었어요. 우리는 NASA에서 시작된 인터넷 광대역 같은 실질적인 부분에서부터 배관 누출을 감지할 수 있는 인공위성 사진, 미국 전역에 물을 공급할 수 있을 만큼 충분한 지하수원 파악, 유비쿼터스 연결망, 그리고 인류의 궁극적인 생존에 이르기까지 수많은 방식으로 우주의 도움을 받고 있습니다. 빌 나이가 지적했듯 공룡한테는 우주 계획이 없었지만 우리에게는 있잖아요!

비공학자로서 당신은 빔 추진력 개발 기업을 이끄는 등 우주 산업에 큰 영향을 미쳤습니다. 이를 위해 당신의 독특한 이력은 어떻게 활용됐나요?

드미트리 스타슨이 광선 에너지를 우주선 발사에 사용한다는 아이디어를 제시했을 때 저는 그렇게만 된다면 굉장한 변화가 찾아올 거라고 생각했죠. 관련 전문가와 함께 꼼꼼하게 살펴본 결과 저는 인류가 드디어 빔 추진력 기술을 실용화할 기회를 얻었다고 확신했어요. 저 역시 모든 준비를 마친 상태였죠.

드미트리는 정상급 과학자였고 훌륭한 파트너였습니다. 그를 비롯한 다른 공학자들이 기술적인 측면을 담당하고는 있지만 세상을 바꿀 빛난 아이디어를 성공적으로 실행하려면 공학팀의 막강한 역량만으로는 부족합니다. 저는 기업을 설립하고 계획을 수립하는 데 도움을 주었죠. 투지와 노력 외에 우리가 막강한 영향을 미칠 수 있던 요인은 다음과 같습니다.

첫째, 꼬리리스크[21] 완화입니다. 자금 부족처럼 치명적인 영향을 미칠 수 있는 요인을 꼼꼼히 관리하는 것이죠. 얼마나 빨리 수익을 낼 수 있을지 알아보고 거기서부터 거꾸로 일을 되짚어옵니다. 우리 기술의 경우 전체 우주 시스템을 구축할 때까지 임시로 수익을 창출할 만한 부수적인 용도가 없었기에 초기부터 다음 자금 조달 기준은 무엇인지, 조달 방식은 어떻게 할지 물었습니다. 이 질문은 다른 질문으로 이어졌죠. 자금과 시장 구축을 위한 시간을 절약하기 위해 누구와 파트너를 맺어야 하는가? 그 답에 더 빨리 도달할수록 그 과정에서 자금이 바닥날 확률이 줄어듭니다. 우리는 NASA와 DARPA가 이상적인 파트너였습니다. 파트너 없이 성과를 내기는 쉽지 않죠. 처음부터 이 같은 관계를 파악하고 구축하는 것이 도움이 됩니다. 근본적으로 이스케이프 다이나믹스^{Escape Dynamics}를 넘어 항공우주 산업 전반으로 일반화하면 영향력을 키우는 일은 위험을 줄이는 일입니다. 자금 조달에서부터 공급망 문제, 건조중량[22] 계산 오류에 기인한 결함 분석 등 중요 문제를 파악할 인물을 찾는 것까지요.

둘째, 자원 관리입니다. 적절한 지침이 없을 경우 공학자는 아무리 선의의 공학자라도 잘못된 업무에 집중할 수 있습니다. 예를 들어 공학자는 하위 시스템의 비용을 50퍼센트에서 80퍼센트 절약할 수 있다고 생각해 그 하위 시스템에 집중합니다. 전반적인 시스템 비용에서 하위 시스템의 비용이 차지하는 비중이 아주 적으며 절약할 수 있는 확률 또한 지극히 낮은데도 말이죠. 반대로 쉽게 달성 가능하고 총 비용을 유의미한 수준으로 절감할 수 있는 고비용 품목의 효율 개선에 집중할 수도 있습니다. 훌륭한 관리자는 인재들이 미션을 향해 나아가도록 제대로 된 방향으로 이끌 줄 압니다.

---

21) 시사용어. 거대한 일회성 사건이 자산 가치에 엄청난 영향을 줄 수 있는 위험

22) 연료, 승무원, 탑재 화물을 제외한 우주선이나 로켓의 중량

이미 우주비행 훈련을 일부 완수하셨습니다. 언젠가 직접 우주여행을 하실 생각인가요? 그 경험으로 얻고자 하는 것은 무엇인가요?

저는 지구를 떠나고 싶은 마음이 그리 크지 않아요. 하지만 남편에게 묻는다 면 가족 모두가 화성으로 이주하기를 원할 것 같네요!

당신은 저의 초창기 멘토이자 가장 영향력 있는 조언자셨죠. 이 진로를 택할 때 그렇게 영향을 미친 분이 있으신가요? 처음 계기는 무엇이었나요?

인터넷이 막 등장한 열여섯 살 무렵, 소프트웨어 기업을 운영하고 있던 사촌 중 한 명이 국제 대회에 대해 알려줬죠. 승자는 도쿄에서 열리는 국제 공개토론 회에 참석하여 국제 정보 사회에 대한 젊은이들의 관점을 공유하고 전 세계 주 요 문제를 해결하는 데 어떻게 도울 수 있는지 밝힐 수 있었어요. 그곳에 참여 하면서 다른 기회도 얻었습니다. 가령 일본에서 열린 그 토론회에서 MIT 미디 어 연구소를 창설한 네그로폰테 교수를 만났는데 그는 몇 년 후 제가 미국 시민 권을 따는 데 후원자가 되어 주셨습니다.

첫 직장 골드만삭스 역시 젊은 인재를 육성하는 데 큰 관심을 보였고 여성 리더십 세미나를 정기적으로 제공했어요. 이 같은 배경은 제가 초기부터 경력 을 쌓는 데 큰 도움이 되었습니다. 젊은 인재를 육성하는 일은 어디에서든 중요 하죠.

수많은 우주 기업에 투자하기도 하셨는데요, 어떠한 기술을 가장 흥미롭게 보고 있으신가요?

첫 번째 광범위한 범주는 지속적으로 저렴하게 확보할 수 있는 필수 기술이에요. 초창기에 스페이스X에 투자한 것은 그 때문이었습니다. 수년 동안 워싱턴은 확실히 믿을만한 로켓을 저렴하게 제작할 수 있을 때까지 성능이 입증된 로켓에 고가의 탑재 화물을 싣는 것이 적절한 위험 대비 전략이라고 주장했죠. 하지만 우리는 그 모델을 뒤집었어요. 저비용의 스페이스X 역시 신뢰할 수 있는 선택지였습니다.

제가 관심 갖고 있는 또 다른 분야는 지구 기반 기술이 할 수 없는 부분까지 포용할 수 있는 유일무이한 기회를 갖춘 기업입니다. 2019년, 최초로 '우주 내 무선 이동통신 기지국'을 선보인 링크Lynk에 추가 투자한 것은 그 때문이었어요. 링크는 해당 기술을 갖추고 있기 때문에 일반적인 휴대전화로 유비쿼터스 연결망을 제공할 수 있습니다. 지구 기반 기지국은 개발도상국뿐만 아니라 미국에서 사용하기에도 매우 비싸고 앞으로도 그럴 것이기 때문에 해결책이 될 수 없습니다. 우주에 기반한 기지국만이 이 간극을 메울 수 있습니다. 이는 시골 지역에 살고 있는 8,800만 미국인들의 삶에 변화를 가져올 것입니다. 기기가 너무 비싸서가 아니라 통신이 불가능한 지역에 살고 있기 때문에 휴대전화가 없는 전 세계 25억 명의 삶 또한 변화시킬 것이고요.

우주 탐사 능력이 확장되면 어떤 산업이 수혜를 볼 거라고 생각하시나요?

광물, 에너지 등 우주 자원, 우주 의료 R&D, 우주에서의 건설 및 제조업이 전부 발전할 거라고 봅니다. 인간의 우주 탐사 능력이 확장되면서 우주 산업 관련 주체들의 협치 역시 지속 가능한 성장을 위해 아주 중요해질 테고요.

비공학자로서 우주 산업에 진출하려는 사람에게 어떠한 조언을 해주고 싶으신가요?

공학 분야에는 지원하지 마세요! 농담이고요, 변변치 않은 조언을 해보자면 우주 산업에 비공학자가 진출하려면 먼저 스스로에게 질문을 던져봐야 해요. 자신이 좋아하는 일과 잘하는 일을 바탕으로 우주 산업 미션에 가장 크게 기여할 수 있는 부분이 무엇인가? 우주 산업에서 자신이 좋아하고 잘 하는 일로 돈을 벌 수 있는 부분이 뭐가 있을까?

하나 덧붙이자면 공학자들과 가까워지기를 권장해요. 서로에게 도움이 되는 과정을 통해 여러분은 팀에 더 큰 영향력을 미치게 될 뿐만 아니라 평생의 친구도 사귈 수 있을 거예요. 제가 그랬거든요.

부모로서 차세대에게 거는 가장 큰 희망은 무엇이죠? 걱정되는 부분은요?

다행히 장기적인 추세는 여전히 긍정적임에도 불구하고 환경, 평등, 정의, 부의 격차, 정보 격차, 심지어 민주주의 존립의 위험까지 다음 세대에 대한 저의 걱정은 지난 몇 년 동안 증식되고 있습니다. 미래 세대는 보다 포용적인 세상에서 살기를 진심으로 바랍니다. 동등한 기회를 누리고 기회가 넘쳐나는 세상 말이에요. 저는 미국의 민주주의 실험이 다시 입지를 확고히 하는 것도 희망합니다.

당신 가족은 우주시대의 완벽한 본보기이자 저의 로망입니다. 우주를 향한 아이들의 호기심을 살리고 싶어 하는 부모에게 어떤 조언을 하고 싶나요?

우선 아이들이 자신의 호기심을 따르도록 내버려두는 것입니다. 호기심은 아이들 안에 내재되어 있어요. 이 호기심을 일깨우기보다 아이들을 어른이 이끄는 세상에 살도록 강요하는 실수를 저지르고 아이들의 말에 귀 기울이지 않는 바람에 호기심을 억압하지 않는 것이 중요합니다. 아이들이 호기심의 여정을 직접 이끌고 즐기도록 내버려 두세요! 아이는 먼저 우주를 알아차릴 수 있고 물뱀을 발견하고는 감탄하며 함께 보자고 여러분을 잡아 끌 수도 있어요. 아주 중요한 출발점입니다. 물뱀이 아이의 호기심을 자극한 것이니까요.

그 다음은 아이에게 최대한 많은 것을 보여주라는 것입니다. 그 중 하나는 아이의 호기심을 자극할 테니까요. 우리는 아이에게 특정한 호기심을 강요할 수는 없지만 호기심이 촉발될 때까지 아이의 지평을 넓히는 데 도움을 줄 수는 있습니다.

좋은 조언이네요. 마지막으로 당신은 왜 우주를 탐사하고 싶나요? 사람들은 왜 관심을 가져야 할까요?

합리주의자들은 근본적으로 인류가 생존하고 번성하려면 우주를 탐사해야 한다고 말하겠죠. 인문주의자라면 기본적으로 인간이 타고난 호기심을 가진 종이라서 메이플라워호가 닦아놓은 대서양 길을 횡단해 새로운 세상에 정착했던 것처럼 우리 세대는 지구라는 우주선의 한계를 벗어날 준비가 되어있다고 주장할 테고요.

그러나 우주 탐사를 하는 사람 중 얼마나 많은 사람이 '왜'라는 질문에 신경을 쓸지 모르겠어요. 우주 탐사의 중요성을 믿지 않는 이들에게 어떻게 하면 GPS 통신을 완전히 차단하지 않고도 모르는 사이에 우주에 얼마나 많은 것을 의존하는지 깨닫게 할 수 있는지도 모르겠고요. 한 가지 확실한 것은 지구에서 인류의 미래는 '투쟁이냐 도피냐'의 문제가 아니라는 거예요. 우리가 우주로 가면 인류 전체뿐만 아니라 지구에도 도움이 될 테니까요.

화성을 걷고 있는 여성 우주비행사를 보고 싶어요

| 루시 호킹 |

어린 시절 당신은 어땠나요? 무엇에 관심이 있었죠? 롤 모델은 누구였나요?

저는 굉장히 사교적인 아이였어요. 끊임없이 재잘거리고 농담 던지는 것을 좋아했죠. 너무 웃는 바람에 제가 하고 싶은 말을 남들이 이해하지 못하기도 했지만요. 저에게 특별한 롤 모델이 있지는 않았어요. 당시만 해도 롤 모델이라는 개념이 일반적이지 않았거든요. 하지만 오늘날 젊은 사람들이 누구를 존경하고 왜 좋아할지, 그들의 어떠한 자질을 본받을지 고민하도록 장려하는 것은 좋은 일이라고 봐요. 저는 연극, 춤, 드라마 같은 예술을 좋아했어요. 일곱 살 때 토크쇼를 열 정도였으니까요. 저는 가족을 인터뷰하고 제 쇼의 에피소드를 카세트에 녹음했답니다!

정말 대단한 아버지를 두셨는데요, 과학계의 거성을 부모로 둔다는 것은 어떠한 기분인가요? 과학을 공부해야 한다는 사회적 압박을 받기도 했나요?

아버지는 슈퍼스타셨죠. 너무 그리워요. 돌아가신 지 2년이 되었지만 아버지가 안 계신다는 생각만 해도 가슴이 아파요. 여전히 어딘가에서 아버지가 나타나 평소처럼 생활하실 거라고 생각하기도 한답니다. 가족과 기억, 아버지의 작업을 통해 그리고 우리가 살고 있는 우주의 위대함을 이해함으로써 여전히 당신과 연결되어 있는 기분이 들어요. 아버지는 제가 과학을 공부하기를 바라셨겠지만 예술을 전공하기로 하자 제 선택을 존중해 주셨어요.

처음으로 우주에 호기심을 느끼게 된 계기는 무엇이었죠?

아주 어릴 때 거대한 망원경을 들여다본 적이 있었어요. 케임브리지 천문학 연구소였던 걸로 기억해요. 그렇게나 멀리 있는 것을 선명하게 볼 수 있다는 사실에 완전히 흥분했어요. 우리 너머로 다른 세상이 존재한다는 것, 우리를 감싼 대기 너머로 신비롭고 거대한 무언가가 존재한다는 것을 알게 되었죠. 고작 세 살밖에 되지 않아 그 정도 단어로밖에 표현할 수 없었지만요.

저명한 작가이자 과학 커뮤니케이터로 경력을 쌓아왔는데요, 비공학자가 우주 산업에 기여할 수 있는 장점은 뭐라고 생각하세요?

저는 과학 작가로 이 분야에 발을 디뎠어요. 아버지의 작업을 어린 독자들이 쉽게 이해하도록 이야기 형식으로 바꾸려던 것이 시작이었죠. 저는 대부분의 사람이 추상적인 개념을 이해하는 데 애를 먹으며 꽤나 빨리 포기한다는 것을 깨달았어요. 과학 정보를 이야기에 녹여내고 이를 인간의 경험에 비추어볼 경우, 훨씬 더 이해하기 쉬울 거라 생각했죠.

예술은 참여를 이끌어내는 데 매우 뛰어난 장치입니다. 사람들을 감정적으로 끌어당기고 해당 주제에 관심을 갖게 만들죠. 저는 당시 과학을 주제로 한 소통에서 빠진 요소가 바로 이것이라고 생각했어요. 과학을 훌륭한 소설이나 시리즈처럼 매력적이고 흥미롭게 만들려고 시도하는 사람이 없었어요. 우주라는 주제 자체는 정말 흥미롭고 기이하며 강렬했는데도 말이죠. 저는 과학자가 아니라 이야기꾼이었기에 과학적인 배경을 지닌 이들보다 자유로운 시도를 할 수 있었을 거예요. 이야기를 위해 물리 법칙은 깨지 않은 채 살을 덧붙이곤 했습니다.

당신과 호킹 박사님은 제가 조지 어드벤처 시리즈[23]에 참여할 수 있도록 기꺼이 초대해 주셨죠. 당신이 하는 작업은 상당 부분이 아이들에게 과학을 가르치고 다음 세대에게 우주의 경이를 보여주는 것입니다. STEM 교육에 그렇게 열정적인 이유가 무엇인가요?

쾰리, 저와 아버지 둘 다 당신의 열렬한 팬이에요. 당신의 환상적인 목소리를 우리 책에 담을 수 있어서 정말 영광이었고요! 당신과 함께 일하고 친구가 되고 당신과 당신의 가족이 행복한 것을 지켜보는 것은 크나큰 기쁨이었어요! 제가 이런 말을 자주 하지는 않는데, 당신은 정말 특별한 사람이에요.

저는 교육의 가치를 믿어요. 교육은 우리가 미래를 위해 할 수 있는 최고의 투자에요. 교육자와 어른들이 자신감을 불어넣고 재능을 북돋우며, 자립심을 키우고, 친절함과 온정을 장려하며, 환경의 중요성과 인류애, 서로에 대한 책임감을 증진시킬 때, 그리고 교육을 통해 독창성과 혁신, 창의성을 유발할 때 세상은 변할 수 있습니다. 오늘날 우리가 이미 목격하고 있는 기후변화, 세계적인 유행병, 종 멸종, 해양의 산성화, 사막 확산, 극단적인 기후, 불평등 심화 등 거대한 도전을 해결하려면 훌륭한 과학자와 공학자들이 필요하기 때문에 STEM 교육이 아주 중요합니다. 하지만 이 세상에는 각기 다른 능력을 갖춘 사람들도 필요하죠. 제가 예술이 포함되는 STEAM 교육을 장려하는 이유입니다!

부모로서 다음 세대에게 바라는 가장 큰 희망은 무엇이죠? 우주 탐사의 미래에 거는 가장 큰 기대는 무엇인가요?

차세대에게 바라는 가장 큰 희망은 최대한 많은 기회를 취하고 이를 잘 활용

---

23) 스티븐 호킹과 루시 호킹이 함께 만든 우주 과학 동화 시리즈

하는 것입니다. 우주 탐사의 미래에 거는 가장 큰 기대는 인류가 다시 우주로, 이번에는 그전보다 더 멀리 가는 것이죠. 저는 우주비행사가 화성을 걷는 것을 보고 싶어요. 그리고 우주를 여행하는 이들이 여성이라면 아주 좋겠습니다.

우주에 우리 혼자라고 생각하세요?

절대로 아니죠! 저기 어딘가에 다른 생명체가 존재한다고 확신해요. 지능적인 생명체일지, 우리가 이 생명체를 만난 적이 있는지는 조금 더 복잡한 문제이지만 말이에요.

당신은 저의 조언자였죠. 또 다른 한 여성이자 한 어머니가 과학 커뮤니케이션에서 성공적인 경력을 쌓아가는 것을 지켜보는 일은 의미가 있죠. 우주 산업의 다양성에 대해 어떻게 생각하세요? 그것이 당신에게 의미하는 바는 무엇이죠?

우주 산업에서 다양성이 제자리를 찾기까지 오랜 시간이 걸렸다는 것은 좀 놀랍습니다. 우주 탐사가 태생적으로 지니고 있는 군사적 역사라는 유산 때문에 정복하는 영웅들 즉, 마초적인 해군 전투기 시험 비행 조종사의 영역으로 치부되었죠. 소련은 발렌티나 테레시코바라는 여성을 우주 개발 경쟁 초기에 우주에 보냈지만 이조차 성 평등을 장려한다기보다는 공산주의 체제의 우월성을 보여주기 위한 상당히 정치적인 움직임이었죠.

두 번째로 우주에 간 여성 스베틀라나 사비츠카야는 러시아 우주정거장에 도착하자 우주비행사들이 꽃과 앞치마를 선물로 건네 매우 불쾌한 시간을 보냈습니다. 우주에서의 성 평등에 대한 질문은 걱정과 두려움 비슷한 것으로 다뤄졌는데 여성 우주비행사들이 정기적으로 우주여행을 떠나기 시작하면서 조금씩 사그라 졌죠. 물론 이 막연한 걱정은 근거가 전혀 없는 것이고요. 지구에 살고 있는 다양한 인종이 우주를 여행하는 우주비행사에도 적절히 반영되려면 아직 갈 길이 멀지만 분명히 몇 번의 위대한 도약이 있었습니다. 감사하게도.

인간의 우주 탐사가 왜 중요할까요? 인류는 왜 우주를 여행하고 싶어 하는 것일까요?

우주 탐사가 왜 중요한지 묻는 것은 인간이 왜 중요하냐고 묻는 것과 같습니다. 로봇만 우주에 보낼 경우 야심찬 계획에서 인간은 중요하지 않다고 말하는 것이 나 마찬가지에요. 가장 흥미롭고 웅장하고 도전적이고 상상력을 자극하며 사회를 변화시키는 탐사를 떠올려보면 달, 화성, 그리고 그 너머로의 여행일 텐데 우리가 로봇 친구들만 그곳에 보낸다면 미래에서 인류를 제외하는 것이나 다름없습니다. 탐험하는 것은 미래에 대담하게 뛰어드는 것입니다.

실제로 인간이 그곳에 가서 인류를 위한 미래를 설계할 수 있다고 믿지 못한 다면 그냥 포기한 채 전체 문명을 로봇에게 맡기는 편이 나을 거예요. 우주 탐사 는 철학적, 기술적, 과학적, 사회적 등 많은 이유로 중요하며 이를 달성하기 위해 행동에 나설 인간을 필요로 합니다. 최소한 제 생각은 그래요.

훌륭한 우주론자들이 많지만 호킹 박사님처럼 대중의 상상력을 사로잡는 이들은 극히 드뭅니다. 아버지가 그렇게 효과적인 과학 커뮤니케이터가 될 수 있었던 이유는 무엇이라고 생각하시나요?

아버지의 뛰어난 지능과 방대한 기억력, 영향력이나 의미를 상실하지 않고도 모든 것을 최소한으로 간추릴 줄 아는 능력 때문일 거예요. 아버지는 무표정한 얼굴로 농담을 던지는 것도 잘 하셨죠. 우리는 아버지가 다른 직업을 갖는다면 뭐가 좋을지 얘기하곤 했는데 그중 하나는 당연하게도 스탠드업 코미디언이었어요. 아버지에게는 딱 꼬집어 말하긴 어렵지만 특별함이 있었어요. 아버지가 말을 하면 사람들이 귀 기울였죠. 정말 놀라운 재능이었어요.

　

스티븐 호킹 박사의 딸 루시를 만나는 순간 나는 그를 한눈에 알아봤다. 루시는 창의적이고 현명하며 충실한 사람이다. 재능 있는 작가이자 훌륭한 과학 커뮤니케이터이고 다정한 엄마인 그는 나의 롤 모델이기도 하다. 그는 과학자만이 과학에 기여할 수 있는 것은 아님을 보여주는 산 증인이다. 그가 아버지와 함께 쓴 아동도서는 다음 세대의 상상력에 불을 지피고 있으며 아이들이 이 방대한 우주의 신비에 관심을 갖도록 영감을 주고 있다. 영광스럽게도 나는 그중 하나인 《조지와 얼음달(원제 George and the Bule Moon)》에 작게 기여할 수 있었다.

스티븐 호킹 박사가 세상을 떠난 뒤 웨스트민스터 사원에서 그의 삶과 업적을 기리는 아름다운 행사가 열렸다. 그의 유골이 아이작 뉴턴 경과 찰스 다윈의 무덤 사이에 위치한 신도석에 매장되었을 때 모두가 눈물을 흘렸다. 이 세상을 이해하기 위한 끝없는 탐구에 기여한 과학계의 거장들 사이로 새로운 기념비가 세워졌다. 내 딸이 조금 더 크면 아이와 함께 그곳을 방문할 생각이다. 아이에게 잠시 이 땅에 함께 살았던 위대한 남자의 기념비를 보여줄 날이 기다려진다.

우리가 우주를 탐험하는 이유는 꿈꾸는 존재이기 때문입니다

/ 마이클 로페즈-알레그리아 /

어린 시절 당신의 장래희망은 무엇이었나요? 당신은 늘 우주에 관심이 있었나요 아니면 나중에 관심이 생겼나요?

어머니가 NASA에서 일하셨는데요, NASA의 초기 인공위성과 인류 우주비행 프로그램을 소개하는 '나사 팩트'라는 팸플릿을 집에 가져오곤 하셨어요. 그래서 저는 지금처럼 근사하게 여겨지기 전부터 우주 '덕후'였죠. 해안가에서 트랜지스터라디오 주위로 가족들과 옹기종기 모여앉아 이글호가 달 표면에 착륙하는 중계방송 듣던 것을 생생하게 기억해요. 하지만 중학교와 고등학교에 진학하면서 다른 데 관심이 생겼어요. NASA를 염두에 둔 채 해군 조종사가 되지는 않았지만 스물다섯 살 때 시험 비행 조종사에 관심이 생기고 미국 해군 시험 비행 조종사 학교 졸업생들이 우주비행사가 된다는 기사를 접하자 어린 시절의 꿈이 되살아났죠.

왜 NASA 우주비행사에 지원하게 되었죠? 선발 과정에서 어떠한 경험을 하셨고 선발되었다는 소식을 들었을 때 기분이 어땠나요?

저는 운이 좋게도 1990년에 처음으로 지원했을 때 인터뷰를 하고 사실상 마지막 단계인 신체검사를 받게 되었어요. 하지만 인터뷰 준비를 잘 하지 못했죠, 게다가 인터뷰에 늦었지 뭐에요. 묻지 마세요! 두 번째는 조금 더 나았어요. 선발된 것은 꿈같았어요. 우주비행 그 자체처럼 말이지요. 볼을 꼬집어보니 아픈 걸 봐서 현실이 분명했지만 사실 믿기 힘들었죠.

역사상 그 누구보다 우주에서 많은 시간을 보내셨는데요, 시간이 갈수록 신기함이 사그라지나요? 우주에서 생활하다 보면 어떠한 부분이 놀라운가요? 가장 그리웠던 것은 무엇인가요?

가장 놀라운 부분은 신기함이 사그라지지 않는다는 사실일 거예요. 저는 마라톤으로 치면 형편없는 단거리 주자에 가깝지만 우주에서의 생활을 생각보다 훨씬 즐기곤 하죠. 사랑하는 가족 외에도 단순한 것이 그리웠어요. 막 깎고 난 뒤의 잔디 풀냄새, 아스팔트에 내리는 여름비, 얼굴에 닿는 바람의 감촉, 저녁식사 때 곁들이는 와인의 맛 같은 것들이요.

우주여행을 한 뒤 인지 변화를 겪으셨나요? 우주비행 경험이 삶을 바라보는 관점에 어떠한 영향을 미쳤나요?

저 역시 물론 조망효과라는 인지 변화를 경험했습니다. 살짝 미묘하지만 부인할 수 없죠. 우주에 다녀온 이들은 지구라는 우주선에 탑승한 우리 모두가 얼마나 긴밀하게 연결되어 있는지, 잘 지내려면 얼마나 노력해야 하는지 더욱 잘 인식하게 됩니다. 우리의 소중한 지구 행성을 잘 보살펴야 사실도 깨닫게 되죠.

NASA에서 성공적으로 경력을 쌓은 후, 상업용 우주비행 산업의 강력한 지지자가 되었죠. 민간 분야의 성장을 지지하게 된 계기가 무엇이었나요?

저의 태도는 강철 같은 눈빛을 지닌 시험 비행 조종사에서 우주 전도사로 바뀌었습니다. 2006년, 아누셰흐 안사리와 함께 훈련을 받고 소유스 TMA-9에 탑승한 경험이 큰 계기가 되었죠. 안사리는 인간의 우주비행에 있어 제가 알던 것과는 꽤 다른, 보다 세계적인 관점을 지니고 있었습니다. 인간의 우주 탐사는 정부 프로그램에 국한시킬 필요가 없어요. 더 많은 사람이 우주비행을 할수록 이 세상은 더 나은 곳이 될 수 있습니다.

당신은 저의 경력 초기부터 기회를 주셨죠. 비공학자가 우주 산업에 기여할 수 있는 장점과 관점이 뭐라고 생각하시나요?

꽤 많죠. 좌뇌형과 우뇌형 인간 사이에서 다양성의 풍요로움을 점차 인식하고 있습니다. 공학자들은 본능적으로 위험을 회피하는 성향이 있습니다. 하지만 위대한 성취는 종종 대담한 계획이 가져오기 마련이죠.

가까운 미래든, 먼 미래든 당신이 가장 기대하고 있는 우주 산업의 이정표는 무엇인가요?

인류의 우주비행은 언젠가 일상적인 일이 되겠지만 그때까지 제가 살 수 있을지는 모르겠네요. 우주여행이 흔한 일이 되고 우주여행객 수가 압도적으로 늘어나는 때를 기대합니다. 오래 살아야겠지만 저는 낙관합니다.

다시 우주에 간다면 어떠한 임무를 수행하고 싶나요?

저는 달에서 걷고 싶어요. 하지만 그럴 가능성은 없다고 봅니다. 그렇다면 무슨 일을 할 수 있을까요? 톰 크루즈와 ISS에서 영화를 찍는 것은 어떨까요? 농

담입니다!²⁴⁾

부모로서 차세대가 우주로부터 어떠한 혜택을 누리기를 바라시나요?

저는 우리 세대가 다음 세대에게 물려줄 이 엉망진창인 상황이 조금 부끄럽습니다. 심각한 문제들이 너무 많아 보이는데 민족주의나 자기중심주의적인 사상은 해결책을 낳는 데 전혀 도움이 되지 못하겠죠. 하지만 정보화 시대 덕분에 젊은이들이 누리게 된 지식, 그들의 호기심과 이를 해결하고자 갈망하는 모습이 인상 깊게 다가옵니다. 여기에 조망효과를 경험하는 이들까지 많아지면 앞으로 나아갈 방향을 잘 잡을 수 있을 거라 낙관합니다.

사람들이 왜 우주 탐사에 관심을 가져야 한다고 보시나요? 우주에 대한 접근성을 개방하는 것이 왜 그렇게 중요할까요?

뻔한 답이 여기에도 적용될 것 같네요. 파생되는 이득, 국제적인 협력, 기술의 한계 극복 등이죠. 하지만 우리가 탐험하는 근본적인 이유는 다음 번 모퉁이에 무엇이 있을지 인간은 늘 궁금해하기 때문이죠. 삶에 대한 본질적인 질문에 답하는 것, 아무도 가본 적 없는 곳에 가는 것. 우리는 바로 그러한 것들을 꿈꾸는 존재이기 때문입니다.

---

24) 인터뷰에서는 농담이라고 말했지만 톰 크루즈의 영화 촬영을 위해 국제우주정거장으로 동행하는 계획이 추진되고 있음

2020년 **여름**, 우주 산업은 빠르게 발전하고 있다. 우주 탐사의 미래는 지난 10년 동안 꾸준히 바뀌고 있지만 그 풍경이 크게 바뀐 것은 최근 6개월 동안이었다.

2019년 12월, 공군우주사령부the Air Force Space Command는 미국 우주군the United States Space Force을 창설했다. 미국 군대 중 가장 최근에 신설된 이 조직은 우주에서 미국과 연합국의 이익을 보호하고 합동군에 우주 자산을 제공하기 위해 우주군을 조직하고 훈련하며 장비를 갖추는 임무를 수행한다.

2020년 3월, NASA 제트추진연구소는 전국적인 이름 짓기 대회 결과 '퍼시'라는 별명이 붙은 화성 탐사 로버, 퍼서비어런스Perseverance를 공개했다. 이 새로운 탐사선은 고대 생명체의 흔적을 찾고 암석과 토양 샘플을 지구로 가져오기 위해 화성으로 발사되었다.

2020년 4월, NASA는 미국이 달 표면으로 돌아가기 전에 달의 남극으로 과학 장비를 운송하는 임무를 담당할 기업으로 내가 한때 몸담았던 마스틴 스페이스 시스템즈를 선정했다(지구 저궤도 너머 인류의 지속적인 존재를 확립하기 위해 최초의 여성과 남성을 달로 실어 나를 NASA의 새로운 달 계획에는 아폴로의 쌍둥이 누나인 아르테미스라는 이름이 붙었다).

2020년 5월, 지난 10년 동안 실행된 NASA의 민간 승무원 프로그램이 마침내 굉장한 성과를 낳았다. 스페이스X 덕분에 미국은 다시 미국의 우주선을 타고 ISS에 갈 수 있게 되었다. 크루 드래곤 데모-2는 스페이스X 최초의 유인 비행으로 2011년 우주왕복선 프로그램이 종료된 이후 NASA가 미국 본토에서 우주로 승무원을 보낸 첫 임무였다.

기타 등등

이 모든 성과는 전 세계적인 유행병과 인종 불평등과 대립하는 가운데 이루어졌으니 각 생명의 소중함과 인간이라는 종의 장기적인 생존에 있어 위태로움을 강조하고 있다. 우주에서 이뤄낸 짜릿한 성과와 지구에서 일어나고 있는 파괴적인 일들 간의 대비나 정서적 불일치는 앞으로 더욱 극명해질 것이다. 이는 우주시대를 사는 우리가 겪어야 하는 삶의 굴곡이자 우리가 왜 계속해서 지식과 능력의 한계를 넘어서야 하는지 엄중히 상기시킨다.

우리는 미래를 살기 위해 지금 어느 때보다도 살아남으려고 애쓰고 있다. 다른 별로 떠난 초기 사절단처럼 광활하고 신비로운 우주를 향한 우리의 희망과 결단력, 선의를 믿기로 하자. 별을 향하여!

연례 콘퍼런스와 지속적인 행사

1. NASA Socials

2. The NewSpace Conference

3. The International Space Development Conference (ISDC)

4. The Space Symposium

5. The Small Satellite Conference

6. Humans to Mars (H2M) Summit

7. The International Astronautical Congress (IAC)

8. Spacefest

9. Yuri's Night

10. The Goddard Memorial Dinner (또는 Space Prom)

11. FAA Commercial Space Transportation Conference

단체

1. Students for the Exploration and Development of Space (SEDS)
2. The Space Frontier Foundation
3. The Planetary Society
4. The Mars Society
5. Explore Mars
6. The Commercial Spaceflight Federation

국제 교육 프로그램

1. Space Camp USA
2. International Institute of Astronautical Sciences (IIAS) and Project PoSSUM
3. International Space University (ISU)

장학금

1. The Brooke Owens Fellowship
2. The Matthew Isakowitz Fellowship
3. Project PoSSUM's 'PoSSUM 13' and 'Out Astronaut' competitions

저자_ 켈리 제라디 @KellieGerardi

시민 과학자이자 과학 커뮤니케이터. 국제우주과학연구소(IIAS) 연구원인 그는 이곳에서 진행하는 PoSSUM 프로젝트에 우주복을 입은 인간 시험체로 참여하며 우주시대에 살고 있는 자신의 삶을 최대한 이용하는 데 집중하고 있다.

대학에서 영화를 공부한 그는 게임 개발자 리처드 게리엇의 도움으로 민간 우주비행 산업의 미디어 전문가로 활동해왔다. 우주비행 산업이 발전할수록 누구나 우주 비행이 가능하다는 것을 입증하기 위해 그는 직접 민간 우주비행사의 길을 걷게 된다.

현재 버진 갤럭틱과 과학실험을 위한 준궤도 관광(우주 경계에서 무중력 상태를 체험하는 여행) 탑승 계약을 맺고 우주비행사가 되기 위한 고공비행과 포물선 비행시뮬레이션 훈련에 전념하고 있다. 이 과정을 소셜미디어에 연재해 우주여행을 꿈꾸는 수십만 명의 팬들에게 희망이 되고 있다.

《우주시대에 오신 것을 환영합니다》는 보통의 여성이 우주비행사가 되기까지 그의 여정을 기록한 첫 책이다.

역자_ 이지민

번역가이자 작가. 책을 읽고 글을 쓰는 일을 하고 싶어 5년 동안 다닌 직장을 그만두고 번역가가 되었다. 고려대학교에서 건축공학을, 이화여자대학교 통번역대학원에서 번역을 공부했으며 현재 뉴욕에 살고 있다.

《사랑에 관한 오해》, 《영원히 사울 레이터》, 《아트 하이딩 인 뉴욕》, 《마이 시스터즈 키퍼》, 《망각에 관한 일반론》, 《근원의 시간 속으로》, 《엘크 머리를 한 여자》 등 60권 가량의 책을 우리말로 옮겼으며 저서로는 《그래도 번역가로 살겠다면》, 《어른이 되어 다시 시작하는 나의 사적인 영어 공부》, 《브루클린 동네책방에는 커피를 팔지 않는다》가 있다.